DEUTSCH-TASCHENBÜCHER Band 71

Energie aus Sonne, Wind und Meer

Möglichkeiten und Grenzen der erneuerbaren Energiequellen

von

V. HOFFMANN

Mit 48 Abbildungen

VERLAG HARRI DEUTSCH
THUN · FRANKFURT/MAIN
1990

Autor:
Diplomwirtschaftler Volker Hoffmann, Institut für Energetik, Leipzig

CIP-Titelaufnahme der Deutschen Bibliothek
Hoffmann, Volker:
Energie aus Sonne, Wind und Meer : Möglichkeiten und Grenzen der erneuerbaren Energiequellen / von V. Hoffmann. – Thun; Frankfurt/M. : Deutsch, 1990.
(Deutsch-Taschenbücher; Bd. 71)

ISBN 978-3-322-00764-3 ISBN 978-3-322-92047-8 (eBook)
DOI 10.1007/978-3-322-92047-8

NE: GT

Lizenzausgabe für den Verlag Harri Deutsch, Thun 1990
Hergestellt bei INTERDRUCK, Leipzig
Deutsche Demokratische Republik

Vorwort

Wohl kein anderer Bereich der Energiebereitstellung hat bisher derart konträre Meinungsäußerungen hervorgerufen, wie dies, insbesondere in jüngster Zeit, bei der Nutzung der erneuerbaren Energiequellen, d. h. der Energieumwandlung aus Sonne, Meer und Wind, zu beobachten ist. Die Ansichten über ihren Stellenwert reichen dabei von der vorschnellen Feststellung, daß diese absolut bedeutungslos seien, bis hin zu der Aussage, daß die künftige Energieversorgung der Menschheit in hohem Maße mit Hilfe der Sonnenenergie in ihren direkten und indirekten Erscheinungsformen sowie der Geothermie und der Gezeitenkräfte gesichert werden könne.
Verwirrend ist auch die Vielfalt der Begriffe, unter denen uns diese Energiequellen begegnen. So werden sie sehr häufig als alternativ oder additiv bezeichnet, was beides bereits eine deutliche Wertung ihrer Bedeutung beinhaltet und Rückschlüsse auf den oben erwähnten Meinungsstreit zuläßt. Man findet in der Literatur aber auch die Begriffe neue oder unerschöpfliche Energiequellen, und mitunter wird sogar von Softenergien oder exotischen Energiequellen gesprochen. Alle diese Bezeichnungen meinen, von unterschiedlichen Gesichtspunkten aus, das gleiche, und daher wäre anzustreben, auch nur einen einzigen Begriff zu verwenden. In der vorliegenden Broschüre wird daher durchgängig von erneuerbaren Energiequellen gesprochen, da dieser Begriff das gemeinsame Merkmal all dieser Energiequellen beschreibt. Sie verbrauchen sich bei ihrer Nutzung nicht, sondern sind immer wieder neu vorhanden. Auch international setzt sich diese Bezeichnung mehr und mehr durch.
Anliegen dieses Büchleins ist es, mit den wesentlichsten Nutzungsmöglichkeiten der erneuerbaren Energiequellen etwas näher vertraut zu machen und gleichzeitig die Frage nach deren gegenwärtiger und künftiger Rolle in der Energieversorgung der Menschheit zu beantworten. Darüber hinaus soll es das Interesse an diesem weitgefächerten Teilgebiet der Energietechnik wecken und Anstoß dafür sein, sich etwas tiefgründiger damit zu befassen.

V. Hoffmann

Inhalt

1. Nutzung der Sonnenenergie

Die Sonne ist eine gewaltige strahlende Gaskugel von rund 1,390 Mill. km Durchmesser, an deren Oberfläche eine Temperatur von etwa 6 000 °C herrscht. Im Inneren steigt diese bis auf ungefähr 15 bis 20 Mill. °C an. Auch Druck und Dichte der Gase nehmen zum Zentrum der Sonne hin zu. Dort sind sie dann so hoch, daß es zur Kernfusion kommt, d. h., über verschiedene Zwischenstufen verschmelzen vier Wasserstoffatome zu einem Heliumkern. Die Sonne ist also von der Funktion her nichts anderes als ein gigantischer Fusionsreaktor, in dem in jeder Sekunde 600 Mill. t Wasserstoff in Helium umgewandelt werden. Schon seit etwa 5 Mrd. Jahren laufen diese thermonuklearen Reaktionen ab, bei denen ständig riesige Energiemengen freigesetzt werden. Sie gelangen in Form elektromagnetischer Strahlung langsam zur Sonnenoberfläche und werden dann radial in den Weltraum abgestrahlt. Dadurch verliert die Sonne in jeder Sekunde $4{,}3 \cdot 10^6$ t an Masse. Bedenkt man aber, daß die Gesamtmasse der Sonne rund $2 \cdot 10^{27}$ t beträgt, so läßt sich leicht erkennen, daß sie noch weitere Milliarden Jahre Energie ausstrahlen wird.

Die rund 150 Mill. km entfernte Erde empfängt von der auf der Sonne freigesetzten und abgestrahlten Energiemenge nur einen verschwindend kleinen Teil, nämlich nur etwa ein Milliardstel. Aber für sich betrachtet, ist dieser winzige Betrag dennoch ganz beträchtlich. Immerhin sind es pro Jahr rund 10^{18} kW · h, was in etwa dem 15 000fachen des derzeitigen Energieverbrauchs der Erde entspricht.

Außerhalb der Erdatmosphäre beträgt die Intensität der Sonnenstrahlung auf einer senkrecht bestrahlten Fläche $1{,}335 \pm 0{,}021$ kW/m². Dieser Wert wird als Solarkonstante bezeichnet, wobei die angeführte Schwankungsbreite aus dem veränderlichen Abstand der Erde von der Sonne resultiert. Auf ihrem Weg zur Erdoberfläche werden die Sonnenstrahlen durch Absorption und Streuung abgeschwächt, so daß dort nur ein Teil des Ausgangswertes, sprich der Solarkonstante, ankommt. Im Äquatorbereich sind dies um die Mittagszeit ganzjährig 80 bis 90 %, in den Polgebieten während der jeweiligen Sommermonate täglich rund 25 % des Betrages der Solarkonstante. Für mit-

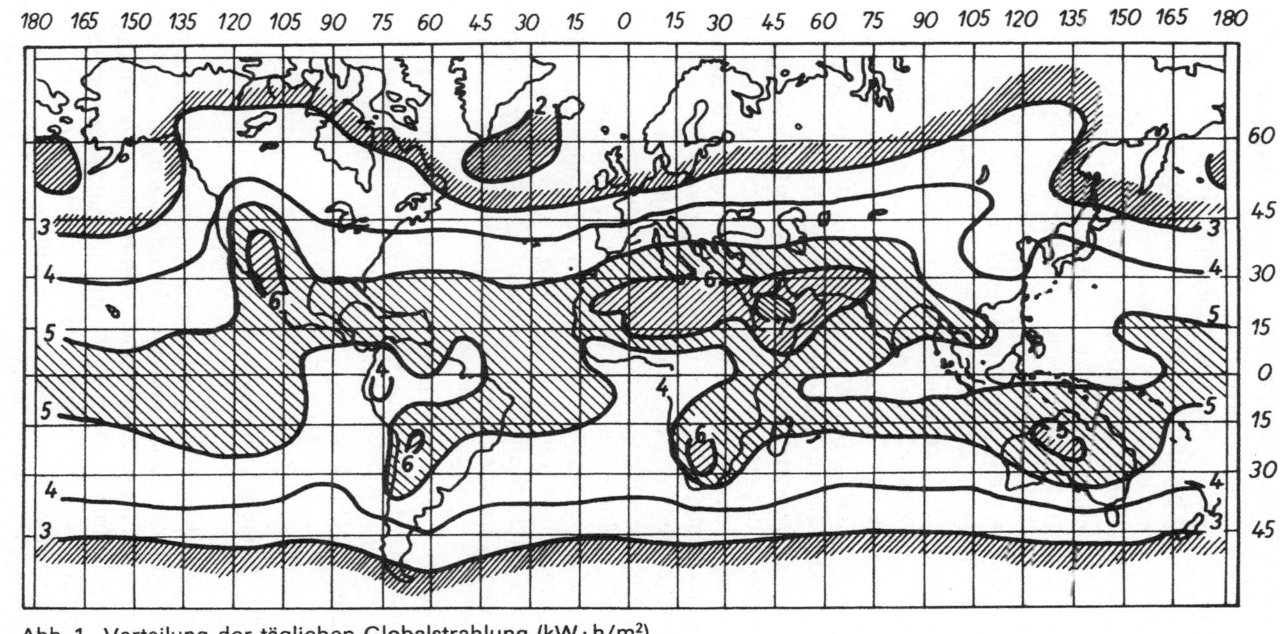

Abb. 1. Verteilung der täglichen Globalstrahlung (kW · h/m²)

teleuropäische Breiten beträgt der mittlere Einstrahlungswert etwa 1 kW/m².

Die Sonnenenergie gelangt zur Erdoberfläche als direkte Sonnenstrahlung und als diffuse Himmelsstrahlung. Beide zusammen ergeben die Globalstrahlung. Welche Bedeutung die diffuse Himmelsstrahlung hat, wird daran erkennbar, daß ihr Anteil an der Globalstrahlung selbst bei wolkenlosem Himmel bis zu 30 % betragen kann. Im Jahresverlauf entfallen unter den konkreten Bedingungen Mitteleuropas sogar rund 50 % der Globalstrahlung auf sie. Die Höhe der Globalstrahlung wird durch eine Reihe geografischer und meteorologischer Faktoren beeinflußt und schwankt pro Jahr zwischen 700 kW · h/m² beispielsweise in Nordeuropa und 2 300 kW · h/m² in den äquatorialen Gebieten. Spitzenreiter ist der Süden der Arabischen Halbinsel mit rund 2 560 kW · h/m² (Abb. 1). Der Wert für die DDR nimmt sich, daran gemessen, mit etwa 1 000 kW · h/m² recht bescheiden aus.

Aus dem bisher Gesagten wird deutlich, daß das Energieangebot der Sonne zwar insgesamt von beeindruckender Größe ist, daß aber bei seiner Nutzung durch den Menschen einige Besonderheiten berücksichtigt werden müssen. So erfordert die auf der Erdoberfläche generell anzutreffende geringe Intensität der Strahlungsenergie entsprechend große Empfangsflächen; kurz- und langzeitige Schwankungen im Strahlungsangebot (Tagesgang, Einfluß der Jahreszeiten) müssen durch Speichervorrichtungen ausgeglichen werden. Gleiches gilt auch für die Tatsache, daß die Zeiten des größten „Anfalls" der Sonnenstrahlung nicht mit den Zeiten des höchsten Energiebedarfs übereinstimmen.

Bevor wir uns u. a. damit befassen, wie diese Anforderungen bei den derzeitigen Verfahren zur Nutzung der Sonnenenergie berücksichtigt werden, wollen wir zunächst noch einen kurzen geschichtlichen Rückblick geben.

1.1. Der Schilderwald des Archimedes

Bereits die Menschen der Vorzeit waren von den für sie geheimnisvollen Kräften der Sonne beeindruckt, und bei nicht wenigen Völkern der Antike genoß sie daher eine göttliche Verehrung. Aber schon sehr früh riefen diese Kräfte die Naturwissenschaftler auf den Plan, sann der Mensch darüber nach, wie er sich das riesige Energieangebot unseres Zentralgestirns nutzbar machen könnte. Von Archimedes (um 287–212 v. u. Z.) wird berichtet, daß és ihm als erstem gelungen sei, Wasser mit Hilfe der durch einen Hohlspiegel gebündelten Sonnenstrahlen zum Sieden zu bringen. Er soll auch den Anstoß dafür gegeben haben, daß im Jahre 214 v. u. Z. die Verteidiger der Stadt Syrakus ihre Bronzeschilde als Spiegel einsetzten und mit den auf diese Weise gebündelten Sonnenstrahlen die angreifende römische Flotte in Brand setzten. Bis in unsere Tage reichte dann übrigens der Streit darüber, ob ein solches Vorhaben überhaupt realisierbar gewesen sein konnte. So mancher verlegte es in den Bereich der Legende, aber es fehlte auch nicht an Versuchen zur „Ehrenrettung" von Archimedes. Einer der letzten fand im Jahre 1973 statt, als sich eine Gruppe griechischer Physiker und deren Helfer, mit polierten Kupferschilden bewaffnet, an den Strand des Mittelmeeres begaben. Auf ein Zeichen hin lenkten sie die von den Schilden reflektierten Sonnenstrahlen auf das hölzerne Modell eines römischen Kriegsschiffes, das schon nach kurzer Zeit in Flammen aufging. An dem Experiment hatten sich 70 Personen beteiligt, von denen jede einen 1m · 1,5 m großen Schild hielt. Es bestätigte auf eindrucksvolle Weise den tatsächlichen Einsatz der „Sonnenwaffe" gegen die Römer.

Bekannt sind auch die Experimente und Vorrichtungen des Heron von Alexandria, zu denen u. a. ein Sonnenbrunnen gehörte. Bei ihm dehnte sich durch die Wärme der Sonnenstrahlung die Luft in einem kugelförmigen, geschlossenen Behältnis aus, drückte dadurch auf das darin befindliche Wasser und ließ es in einer kleinen Fontäne aus dem Oberteil des Gefäßes sprudeln. Dann aber wurde es lange still um die Nutzung der Sonnenenergie, denn erst knapp 2000 Jahre später nahmen vor allem französische Naturwissenschaftler derartige Versuche wieder auf. So schuf Nicholas de Saussure im Jahre 1770 einen sog. Wärmekasten, der allgemein als Vorläufer des Flachplattenkollektors gilt, mit dem Temperaturen bis zu 87 °C erreicht werden konnten. A. L. Lavoisier (1743–1794) verwendete nur zwei Jahre später eine dem Sonnenstand nachführbare Linse von 1,30 m Durchmesser zum Schmelzen von Metallen. Ähnliche Versuche hatten zuvor schon in kleinerem Maßstab G. D. Cassine (1625–1712) und G. L. de Buffon (1707–1788) vorgenommen. Dabei erreichten sie Temperaturen bis zu 1100 °C.

Die industrielle Nutzung der Sonnenenergie begann allerdings erst vor etwa 125 Jahren. Um 1865 stellte der französische Erfinder Augustin Mouchot einem staunenden Publikum in der Nähe von Tours seine „Helio-Pumpe" (von griech. helios ≙ Sonne) vor. Mit ihr konnte Wasser so weit erhitzt werden, daß es in

Dampf überging. Dieser trieb dann eine Turbine an. Mouchot koppelte seine Sonnen-Dampfmaschine aber auch, anstelle der sonst verwendeten mechanischen Vorrichtungen, mit einem kleinen Generator und schuf so ein Mini-Sonnenkraftwerk. Er stieß damit aber auf der Pariser Weltausstellung von 1867 auf wenig Verständnis. Augustin Mouchot verlegte daraufhin seine Versuche nach Algier und testete die Eignung seiner Erfindung für das Pumpen von Wasser in der Landwirtschaft. Immerhin konnten dabei seine mit einem großen Parabolspiegel versehenen Aggregate Leistungen bis zu 1000 l/h erreichen. Sein Landsmann Abel Pifre führte später die Arbeiten an der Solar-Dampfmaschine fort und präsentierte 1881 auf einer Ausstellung in Bordeaux sogar eine sonnenenergiebetriebene Druckerpresse.
Der große Durchbruch in der Nutzung der Sonnenenergie kam aber trotz dieser bemerkenswerten frühen Erfolge erst in der Mitte unseres Jahrhunderts, als u. a. in den USA Versuche mit sog. Sonnenhäusern (MIT Solarhouse I und Peabody House) durchgeführt wurden. Die amerikanischen Physiker Hottel und Woertz lieferten dann die ersten theoretischen Arbeiten über den Flachplattenkollektor, und etwa um 1950 waren die ersten von ihnen, teilweise in noch sehr einfachen Ausführungen, in verschiedenen Ländern zur Warmwasserbereitung im Einsatz. Die Versuchsarbeiten zur großtechnischen Nutzung des bereits von Archimedes angewendeten Prinzips der Strahlenkonzentration begannen rund zwei Jahre später am sog. Sonnenofen von Meudon in den französischen Pyrenäen, und noch einmal zwei Jahre dauerte es, bevor nach umfangreichen Vorarbeiten die erste industriell gefertigte Solarzelle zur direkten Umwandlung der Sonnenstrahlung in Elektroenergie vorlag (s. Abschn. 1.3.1.).
Damit wären zugleich auch die beiden grundlegenden Verfahren zur Nutzung der Sonnenenergie genannt – die solarthermischen Umwandlungsmöglichkeiten und die Verfahren zur Nutzung der Lichtquanten (Abb. 2). Bei ersteren wird die Sonnenstrahlung in Wärme umgewandelt, die entweder als solche genutzt wird oder die der weiteren Umwandlung in Elektroenergie dient. Bei den Verfahren zur Nutzung der Lichtquanten haben derzeit die photovoltaische Umwandlung der Sonnenstrahlen in Elektroenergie sowie die natürliche photochemische Umwandlung der Sonnenenergie in Biomasse (s. Kap. 5) eine praktische Bedeutung. Die weiterhin mögliche Energiegewinnung auf dem Wege der künstlichen Photosynthese befindet sich noch im Stadium der Grundlagenforschung. Auf ihre Darstellung soll daher hier verzichtet werden.

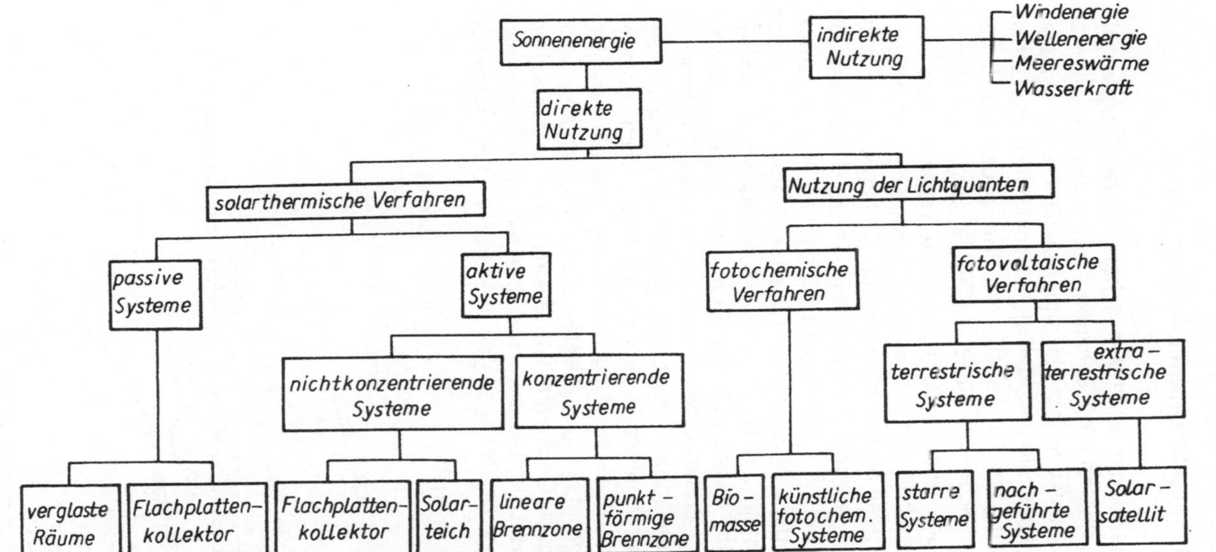

Abb. 2. Übersicht der Nutzungsmöglichkeiten der Sonnenenergie

1.2. Solarthermische Umwandlungsverfahren

Die genannte Vielfalt der solarthermischen Umwandlungsverfahren erfordert zu Beginn ihrer Behandlung eine weitere Unterteilung in passive und aktive Systeme (vgl. Abb. 2). Passive Systeme sind dadurch gekennzeichnet, daß sie ausschließlich mit Luft als Wärmeübertragungsmedium nach dem Prinzip der natürlichen Wärmeleitung arbeiten. Sie nutzen dabei den sog. Treibhauseffekt aus (vgl. auch Abschn. 2.4.), d. h. die Tatsache, daß eine Glas- oder Folienabdeckung zwar die kurzwelligen, sichtbaren Sonnenstrahlen in einen Raum hineinläßt, die langwelligen Wärmestrahlen – sie werden u. a. von den erhitzten Wänden und dem Boden der betreffenden Räume abgegeben – aber zurückhält. Im Grunde genommen ist bereits jedes Zimmer mit Fenster ein passives System zur Nutzung der Sonnenenergie. Scheint die Sonne hinein, wärmt sich der Raum auf. Werden nun die Wände bzw. der Boden eines solchen verglasten Raumes mit einem die Sonnenstrahlen besonders gut absorbierenden Material ausgekleidet, so verstärkt sich dieser Effekt noch. Anlagen zur bewußten passiven Nutzung der Sonnenenergie bestehen daher stets aus großflächig verglasten oder mit Folien abgedeckten Gebäuden bzw. Gebäudeteilen, die mit einer entsprechenden Absorberausmauerung bzw. mit direkten Absorbermauern sowie zusätzlichen Isolierungen gegen Wärmeverluste versehen

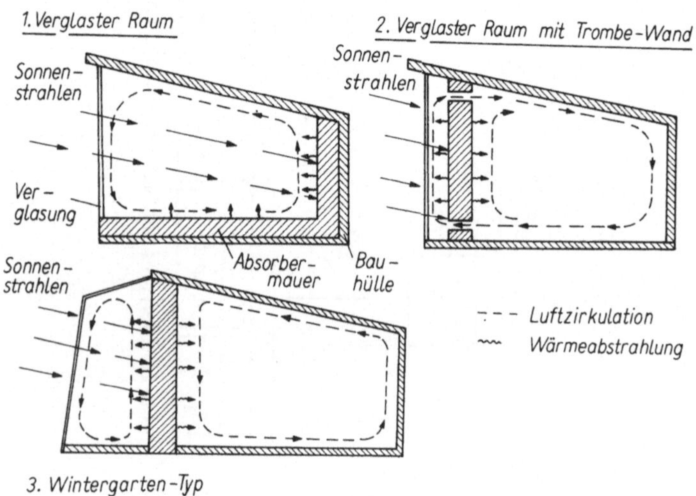

Abb. 3. Ausgewählte passive solarthermische Systeme

sind (Abb. 3). Eingesetzt werden solche passive Systeme vorrangig in kleinen und mittleren Wohnhäusern. Sie stehen dort mit den eigentlichen Wohnräumen in direkter Verbindung. Die mit ihnen gewonnene Wärme wird durch gezielte Warmluftführung in die Zimmer geleitet. Derartige Vorrichtungen werden gegenwärtig vor allem in Japan, den südlichen Bundesstaaten der USA und in einigen westeuropäischen Ländern genutzt (Abb. 4). Passive Systeme findet man aber auch gelegentlich in den Wärmeversorgungskonzepten von Industrie- und Verwaltungsbauten sowie in größeren Wohnhäusern. Dort werden u. a. die ohnehin meist großzügig verglasten Fronten oder spezielle Fassadenelemente für diesen Zweck genutzt. Häufig stehen die passiven Systeme allerdings mit Wärmepumpen in Verbindung, stellen dann aber keine solchen im eigentlichen Sinne mehr dar (vgl. Abschn. 1.4.).

Abb. 4. Das von der Hochschule für Architektur und Bauwesen Weimar entwickelte Solarhaus 1 im Bau. Deutlich sind die Rahmen für die großflächige Verglasung zur passiven Nutzung der Sonnenstrahlen zu erkennen

Mit den aktiven Systemen zur Nutzung der Sonnenenergie wollen wir uns in den folgenden Abschnitten ausführlicher befassen. Dabei ist jedoch eine nochmalige Unterteilung, und zwar in Verfahren ohne und Verfahren mit Strahlenkonzentration, erforderlich (s. Abb. 2).

1.2.1. Umwandlungsverfahren ohne Strahlenkonzentration

Wie schon der Name sagt, nutzen die Umwandlungsverfahren ohne Strahlenkonzentration die Sonnenstrahlen in der natürlich vorliegenden Form. Die entsprechenden Anlagen werden dem aktuellen Stand der Sonne nicht nachgeführt und sind häufig mit Pumpen und Verdichtern sowie teilweise auch mit Wärmepumpen gekoppelt.

1.2.1.1. Der Flachplattenkollektor

Die bekannteste und am weitesten verbreitete Vorrichtung zur Nutzung der Sonnenenergie ohne Strahlenkonzentration ist der bereits mehrfach erwähnte Flachplattenkollektor (Abb. 5). Sein

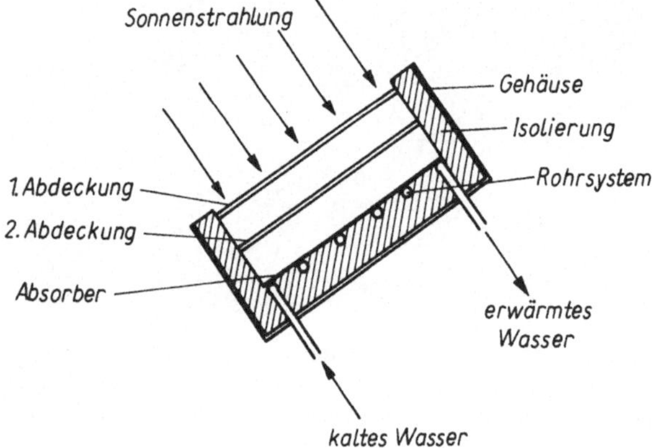

Abb. 5. Vereinfachter Schnitt durch einen doppelt verglasten Flachplattenkollektor

Funktionsprinzip ist relativ einfach und besteht darin, daß er die Energie der Sonnenstrahlen auffängt, in Wärmeenergie umwandelt und diese an ein Wärmetransport- und/oder Arbeitsmedium weitergibt. Von dieser Funktion des „Einsammelns" der Sonnenstrahlen hat er übrigens auch seine Bezeichnung erhalten (engl. collect ≙ sammeln).

Ganz allgemein gesagt, besteht der Flachplattenkollektor aus einem rechteckigen Blechkasten, dessen obere Seite ein- bzw. mehrfach verglast ist. Unter dieser Verglasung, die den Treibhauseffekt auslöst und zugleich auch eine Wärmeisolierung darstellt, befindet sich der Absorber, eine matte, schwarze Metall-

platte, die in der Lage ist, bis zu 95% der auf sie treffenden Sonnenstrahlung in Wärme umzuwandeln. Direkt mit dem Absorber ist eine Rohrschlange, zumindest aber ein Paar dünner Röhren verbunden, in denen das Wärmetransport- bzw. Arbeitsmedium – meist Wasser oder ein Wasser-Glysantin-Gemisch – zirkuliert. Die Röhren sind zum Teil in ein Isoliermaterial eingebettet, das sich unmittelbar an den Absorber anschließt und den Boden des Blechkastens ausfüllt (vgl. Abb. 5).
In der praktischen Anwendung des Flachplattenkollektors wird entweder die vom Transportmedium aufgenommene Wärme über einen Wärmetauscher (jetzt auch Wärmeübertrager) an den eigentlichen Nutzkreislauf übertragen, oder das Wärmetransportmedium ist zugleich auch die Nutzflüssigkeit. Im letzteren Fall wird ausschließlich Wasser eingesetzt. Flachplattenkollektoren dienen vorrangig der Bereitstellung von Brauchwarmwasser und Heizwärme; in einigen Ländern werden sie aber auch zur Raumklimatisierung (Kühlung) genutzt. Sie werden zu mehreren in Reihe geschaltet, meist in Südausrichtung und im Winkel von 40 bis 50° schattenfrei auf entsprechenden Flächen (meist Dächern) montiert.
Die Leistung bzw. der Wirkungsgrad eines Flachplattenkollektors hängt u. a. von der Höhe der Verluste durch Wärmestrahlung und -leitung sowie den optischen Verlusten ab. Je nach konstruktiver Ausführung unterscheidet man Niedertemperatur-Flachplattenkollektoren, die nur eine Einscheibenabdeckung aufweisen und mit Luft oder Wasser arbeiten, und Hochtemperatur-Flachplattenkollektoren, die mit mehreren Deckscheiben sowie einer selektiven Beschichtung der Absorberplatte und der Abdeckscheiben versehen sind. Durch die Anbringung von Spiegeln können die optischen Verluste reduziert werden, was zu einer Erhöhung des Wirkungsgrades und damit der Leistung führt. Derzeit erreichen Flachplattenkollektoren Wirkungsgrade bis zu 80%, wobei die nutzbaren Wassertemperaturen je nach der Intensität der Sonnenstrahlung und der Bauart des Kollektors zwischen 30 und 80 °C liegen.
Flachplattenkollektoren werden zwar auch in den gemäßigten Breiten genutzt, ihr Haupteinsatzgebiet sind jedoch Länder mit einer hohen Globalstrahlung. Man findet sie daher recht häufig u. a. in den mittelasiatischen Sowjetrepubliken, in Südeuropa, Nordafrika und Australien. In den USA waren 1985 rund 2,5 Mil. Wohnhäuser damit ausgerüstet, und Australien will im Jahre 2000 etwa 40% seiner für Heizzwecke benötigten Energie auf diesem Wege decken.

In der DDR gab es schon recht früh erste Versuche zum praktischen Einsatz von Flachplattenkollektoren. Bekannt geworden ist vor allem das Schwimmbad in Freyburg/Unstrut, in dem seit 1975 mit einer Kollektorfläche von insgesamt 200 m^2 die Wassertemperatur des Schwimmbeckens auf 21 °C gehalten wird. Bei sonnigem Wetter und teilweise bewölktem Himmel stellt die Anlage eine Leistung von 50 bis 100 kW bereit. Genannt werden sollen auch die Solarhäuser von Halle-Mötzlich, die teilweise schon seit 1980 in Betrieb sind. Die dortigen Anlagen bestehen aus einer Kombination von Flachplattenkollektoren, Wärmepumpen und Wärmespeichern. Derartige Speicher für das von der Sonne erwärmte Wasser sind fast immer Bestandteil der Anlagen zur nichtkonzentrierenden Nutzung der Sonnenenergie, d. h. Anlagen, die ohne Strahlenbündelung arbeiten. Mit ihnen können Auswirkungen der tageszeitlichen Schwankungen im Angebot der Globalstrahlung sowie meteorologische Einflüsse bis zu einem gewissen Grade überbrückt werden. Aufgrund der recht ungünstigen natürlichen Voraussetzungen für eine Nutzung der Sonnenenergie können Flachplattenkollektoren in der DDR, wie übrigens in den meisten anderen mitteleuropäischen Ländern auch, nur im Sommer effektiv betrieben werden und nur als Ergänzung zu den herkömmlichen Systemen der Wärmebereitstellung. Derzeit werden dafür u. a. zwei verschiedene Typen (A1 und A2) vom VEB Rohrtechnik Delitzsch hergestellt. Beide Typen sind für die Warmwasserbereitung in Eigenheimen und für Kleinverbraucher vorgesehen und können bei einer Kollektor-Gesamtfläche von 4,5 bzw. 5,0 m^2 (jeweils 6 Kollektoren) einen täglichen Bedarf von 150 bis 200 l Warmwasser mit Temperaturen von 40 bis 50 °C decken. Das Fassungsvermögen des zur Anlage gehörenden Speichers beträgt 300 bis 400 l. Er ist mit einem Wärmetauscher ausgerüstet, der den Kreislauf des Wärmetransportmediums (Wasser-Glysantin-Gemisch) vom Brauchwasserkreislauf trennt.

Generell ist zum Einsatz von Flachplattenkollektoren zu sagen, daß sie ausschließlich für eine dezentrale Wärme- und Warmwasserversorgung von Bedeutung sind, wobei der Umfang des Einsatzes von den jeweiligen konkreten natürlichen Bedingungen (Wert der Globalstrahlung) in den einzelnen Ländern abhängt. Eine echte Alternative zu den herkömmlichen Systemen der Wärmeversorgung sind sie aber auch dort nur in wenigen Fällen. Fast immer müssen Flachplattenkollektoren mit Anlagen zur Wärmebereitstellung auf der Basis fossiler Brennstoffe gekoppelt werden. Man spricht dann von einer bivalenten Fahrweise (zweischienige Versorgung). Dies gilt auch für den Einsatz von Solarabsorbern, mit denen wir uns im nächsten Abschnitt befassen wollen.

1.2.1.2. Der Solarabsorber

Solarabsorber arbeiten nach dem gleichen Prinzip wie Flachplattenkollektoren und ähneln diesen auch bis zu einem gewissen Grad. Allerdings fehlen ihnen die Wärmeisolierung und die licht-

Abb. 6. Solarabsorber an der Giebelwand eines Rinderstalls in der LPG „Clara Zetkin" Herbsleben

durchlässige Abdeckung. Sie bestehen, wie es schon der Name andeutet, lediglich aus dem eigentlichen Absorber mit dem inliegenden Rohrsystem. Hinsichtlich der konstruktiven Ausführung gibt es gegenwärtig eine kaum noch zu überblickende Vielfalt an Möglichkeiten. Neben den vom Flachplattenkollektor her bekannten matten, schwarzen Metallplatten (Abb. 6) sind vor allem in jüngster Zeit sog. Absorbermatten aus hitzebeständigem schwarzem Plastmaterial zum Einsatz gelangt. In diesen, meist sehr schmalen und flexiblen Matten verlaufen parallel dünne Röhren, in denen Wasser zirkuliert (Abb. 7). Dieses Wasser wird

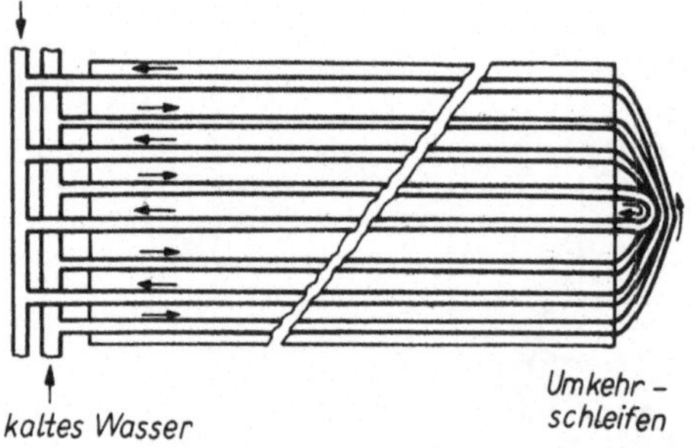

Abb. 7. Prinzipskizze einer Absorbermatte

beim Lauf durch die mehrere Meter langen Matten von der Sonnenstrahlung erwärmt und kann als Brauchwarmwasser entnommen werden. Absorbermatten kommen vorrangig in Schwimmbädern und Einfamilienhäusern zum Einsatz; sie werden gelegentlich aber auch für die Warmwasserbereitstellung in Industrieanlagen genutzt. Ihre Montage ist denkbar einfach – sie werden zu mehreren nebeneinander auf entsprechend vorbereiteten schrägen oder ebenen Dachflächen verklebt.

Diese beiden Beispiele mögen für die Demonstration der Vielgestaltigkeit von Solarabsorbern genügen. Allen ist gemeinsam, daß ihr Wirkungsgrad um einiges geringer ist als der von Flachplattenkollektoren. Dieser Nachteil wird aber durch die relativ einfache Funktionsweise und die damit verbundenen niedrigen Herstellungskosten kompensiert. Solarabsorber werden heute fast ausschließlich zur zusätzlichen Wärme- oder Warmwasserbereitung in Freibädern, Wohnhäusern oder Stallungen eingesetzt. Sie haben daher ebenfalls nur eine lokale Bedeutung und eignen sich nicht für eine zentrale Wärme- oder Warmwasserversorgung ganzer Territorien.

Wegen der relativ geringen Leistung, bezogen auf die Anlagenfläche, sollte bei der Konstruktion bzw. beim Bau von Solarabsorberanlagen, aber auch von Flachplattenkollektoranlagen, darauf geachtet werden, daß der für die Herstellung aller eingesetzten Materialien erforderliche Energieaufwand in einem vertretbaren Verhältnis zu jenem Energiebetrag steht, den die betreffenden Vorrichtungen während ihrer gesamten Nutzungsdauer unter den konkret herrschenden Bedingungen bereitzustellen in der Lage sind. Dieses Verhältnis wird durch den Begriff Erntefaktor ausgedrückt. Es leuchtet sicher ein, daß dieser bei Flachplattenkollektoren bzw. Solarabsorbern aus Aluminium deutlich niedriger ist als bei solchen aus einfachem Stahlblech. Wird der Erntefaktor gar negativ, d. h., zum Bau der jeweiligen Anlagen ist mehr Energie erforderlich, als sie überhaupt liefern können, dann sollte deren Einsatz auf jeden Fall unterbleiben.

1.2.1.3. Die Sonnenteiche

Eine interessante Möglichkeit der Sonnenenergienutzung auf nichtkonzentrierendem Wege sei am Ende dieses Abschnitts noch kurz vorgestellt. Es handelt sich dabei um die sog. Sonnenteiche oder, wie sie in der Fachliteratur auch genannt werden, die Solarponds. Die ersten Berichte über sie stammen bereits aus dem Jahre 1902. Damals stellten Naturwissenschaftler in Ungarn verblüfft fest, daß in diesem Land in einigen flachen Teichen mit Salzwasser ein beträchtlicher Unterschied zwischen der Oberflächentemperatur und der in Bodennähe dieser Gewässer zu verzeichnen war. Exakte Messungen ergaben, daß das Wasser in den Sommermonaten an der Oberfläche Temperaturen um etwa 30 °C erreichte, während in Bodennähe 80 °C angetroffen wurden. Wie kommt es zu dieser erstaunlichen Erscheinung? Zunächst muß man wissen, daß es sich bei den betreffenden kleinen Seen um solche mit einer hohen Salzkonzentration des Wassers handelt. Durch die ungelösten Stoffe in einer solchen Salzlösung kommt es einerseits zu einer verstärkten Absorption der einfallenden direkten Sonnenstrahlung, zum anderen führt der Dichteunterschied zwischen Salz- und Süßwasser zu einer Entmischung der Lösung. Das salzhaltige Wasser sinkt zum Boden der flachen Teiche, während das Süßwasser nach oben steigt. Dies wiederum bewirkt eine vertikale thermische Abstufung, wobei am Grund der Teiche die bereits erwähnten hohen Temperaturen auftreten. Das darüberliegende

kühlere Süßwasser wirkt wie eine Wärmedämmschicht und verhindert die Abkühlung des heißen Bodenwassers. Schon eine nur 1 m mächtige Süßwasserschicht weist dieselben Dämmeigenschaften auf wie eine 6 cm dicke Polystyrolplatte.
In einigen Ländern mit besonders hoher Intensität der Sonnenstrahlung, u. a. in Australien, Brasilien und im Süden der USA, wurden zur energetischen Nutzung dieses Effekts Versuchsanlagen errichtet, die im wesentlichen aus einem künstlich angelegten flachen Teich bestehen, der mit NaCl- oder $MgCl_3$-Sole gefüllt ist. Mit ihnen konnten durch die Sonneneinstrahlung in den bodennahen Wasserschichten sogar Temperaturen von 90 °C erzielt werden. Die Wärmeenergie der erhitzten Sole, die vom Boden abgezogen wird, wird über Wärmetauscher an einen Sekundärkreislauf abgegeben, in dem niedrigsiedende organische Verbindungen zirkulieren. Durch die Wärmezufuhr gehen diese in die Dampfphase über, und dieser Dampf treibt dann einen speziellen Turbogenerator zur Elektroenergieerzeugung an. Nach der anschließenden Kondensation wird das Arbeitsmittel wieder zum Wärmetauscher zurückgeführt, der geschilderte Kreislauf kann von neuem beginnen. Wird im Sekundärkreislauf Wasser eingesetzt, kann mit den Sonnenteichen Heißwasser für die unterschiedlichsten Nutzungsfälle bereitgestellt werden.
So verblüffend einfach dieser Weg der Energiegewinnung auch sein mag, großtechnisch wird er sich nicht durchsetzen können. Um nennenswerte Leistungen zu erzielen, müßten die Teichflächen sehr groß sein. Zu ihrer Abschirmung vor dem Wind – er würde sonst eine Vermischung des Wassers mit den unterschiedlichen Salzgehalten auslösen – wären aufwendige Plastabdeckungen erforderlich. Und nicht zuletzt verlangt die aggressive Sole im Primärkreislauf den Einsatz spezieller Werkstoffe. Sonnenteiche werden daher auch künftig zu den Exoten unter den Verfahren zur Nutzung der erneuerbaren Energiequellen zählen.

1.2.2. Umwandlungsverfahren mit Strahlenkonzentration

Bei diesen Verfahren kommen Vorrichtungen zum Einsatz, mit denen die direkte Sonnenstrahlung konzentriert, d. h. auf einen eng begrenzten Raum oder einen Punkt reflektiert werden kann. Dazu zählen u. a. Hohlspiegel unterschiedlichster Größe und Bauart, Fresnellinsen oder leicht gewölbte Flachspiegel, sog. Heliostate. Ein Charakteristikum dieser Möglichkeit der Sonnen-

energienutzung ist, daß die genannten Anlagenkomponenten zur Gewährleistung eines effektiven Betriebs der Umwandlungsaggregate zweiachsig (Azimut und Elevation) dem aktuellen Stand der Sonne nachgeführt werden.
Auch bei den Umwandlungstechnologien mit Strahlenkonzentration gibt es derzeit eine verwirrende Vielfalt von konkreten Lösungen, so daß hier stellvertretend nur einige wenige näher behandelt werden können.

1.2.2.1. Sonnenkocher und Sonnenöfen

Das bereits von Archimedes bei seinen Experimenten genutzte Prinzip des Hohlspiegels findet seine neuzeitliche Entsprechung beispielsweise in den transportablen Sonnenkochern, die u.a. in der Turkmenischen SSR serienmäßig hergestellt werden. Ihr Hohlspiegel ähnelt einem aufgespannten Regenschirm, ist innen mit verspiegelten Metallplatten versehen und kann zusammengeklappt werden. Die von ihm gebündelte Sonnenstrahlung ermöglicht es den Hirten und Jägern Mittelasiens, sich fernab menschlicher Siedlungen auf unkomplizierte Art und Weise eine warme Mahlzeit zuzubereiten oder Tee zu kochen. Ähnliche Sonnenkocher werden auch in einigen afrikanischen Ländern sowie in Indien verwendet.
Anlagen mit Parabolspiegel werden ebenso häufig zum Erschmelzen hochreiner Metalle oder zur Schaffung spezieller metallischer Werkstoffe eingesetzt. Mit modernen Aggregaten können derzeit Temperaturen von etwa 3500 °C erreicht werden. Ein solcher Sonnenofen arbeitet beispielsweise schon seit einigen Jahren in der usbekischen Hauptstadt Taschkent. Sein Parabolspiegel ist aus insgesamt 62 kleinen Heliostaten zusammengesetzt. Sonnenöfen findet man u. a. auch in den USA, in Frankreich und Australien.
Aber auch für die Erzeugung von Elektroenergie bzw. zur Wärmebereitstellung werden Anlagen mit Parabolspiegeln genutzt. In dessen Brennpunkt befindet sich dabei stets ein Absorber aus geschwärzten Metallrohren, in denen Wasser oder ein anderes Arbeitsmittel zirkuliert. Der Absorber wandelt die Energie der Sonnenstrahlen in Wärme um und gibt diese an das Arbeitsmedium weiter. Von ihm wird sie dann mittels Wärmetauscher auf einen Sekundärkreislauf übertragen. Der dort erzeugte Dampf kann entweder zu Heizzwecken genutzt oder in einem herkömmlichen Wärmekraftwerksteil in Elektroenergie umgewandelt werden.

Ein besonders interessantes Beispiel einer solchen Anlage wird gegenwärtig in Saudi-Arabien getestet. Bei diesem Mini-Sonnenkraftwerk hängt im Brennpunkt eines großen Parabolspiegels ein Stirlingmotor mit einer Leistung von 50 kW, der mit einem Generator gekoppelt ist. Bekanntlich arbeiten Stirlingmotoren, im Gegensatz zu Otto- und Dieselmotoren, mit einer äußeren Wärmezufuhr. Diese wird in unserem Falle durch die gebündelte Sonnenstrahlung realisiert. Die von der Versuchsanlage erzeugte Elektroenergie wird zum Antrieb von Bewässerungspumpen eingesetzt.
Mit ähnlichen Arbeiten befaßt man sich schon seit geraumer Zeit an der Akademie der Wissenschaften der Usbekischen SSR. Der dazu in der Nähe von Taschkent errichtete Versuchsstand besteht aus 58 kleinen, runden Hohlspiegeln, die so angeordnet sind, daß sie zusammen einen großen Parabolspiegel bilden. In dessen Brennpunkt werden Stirlingmotoren unterschiedlicher Bauart in mehreren Leistungsklassen getestet.
Ungeachtet dieser interessanten Einsatzmöglichkeiten, haben Anlagen zur Elektroenergieerzeugung mit Hilfe eines einzelnen großen Parabolspiegels zur Strahlenkonzentration meist nur lokale Bedeutung bzw. werden ausschließlich als Versuchsanlage für die verschiedensten Zwecke genutzt. Von Kraftwerken im eigentlichen Sinne kann bei ihnen noch nicht die Rede sein.

1.2.2.2. Zylinderwannen für das Farmkonzept

Etwas anders sieht es dagegen bei den Sonnenkraftwerken nach dem Farmkonzept aus. Bei ihnen kommen spezielle Parabolspiegel in großer Zahl zum Einsatz, die in ihrer äußeren Gestalt großen Blechwannen ähneln. Daher werden sie allgemein auch als Zylinderwannen bezeichnet. Ihre verspiegelten Innenseiten reflektieren die Sonnenstrahlen auf einen röhrenförmigen Absorber, der entlang ihrer Brennzone verläuft (Abb. 8). Wie bei allen bisher beschriebenen solarthermischen Nutzungsverfahren werden auch hier die Sonnenstrahlen vom Absorber in Wärme umgewandelt, die dann an das in ihm fließende Wärmetransportmedium, u. a. Wasser und Thermoöle, abgegeben wird. Von diesem Primärkreislauf gelangt die Wärmeenergie über Wärmetauscher zum Sekundärkreislauf, wo der erzeugte Dampf der weiteren Umwandlung in Elektroenergie dient oder für andere Zwecke eingesetzt werden kann (Abb. 9). Mit Sonnenkraftwerken nach dem Farmkonzept kann Prozeßwärme im Temperaturbereich zwischen 200 und 300 °C bereitgestellt werden.

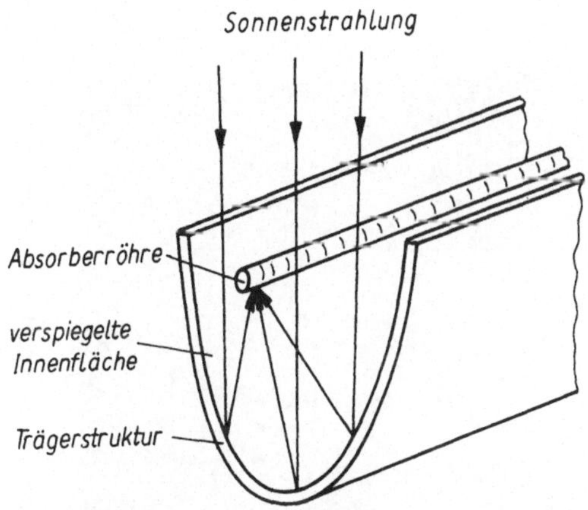

Abb. 8. Zylinderwanne in kompakter Form

Neben der in Abb. 8 vorgestellten kompakten Form der Zylinderwannen werden neuerdings auch Modelle verwendet, die aus mehreren großen Einzelspiegeln bestehen. Diese sind so angeordnet,, daß sie zusammen eine Parabolrinne bzw. Zylinderwanne bilden. Derartige Modelle erleichtern die zweiachsige Nachführung entsprechend dem aktuellen Sonnenstand.
Derzeit gibt es bereits mehrere Sonnenkraftwerke nach dem Farmkonzept. Das größte arbeitet bei Daggett in der Mojavewüste (US-Bundesstaat Kalifornien). Auf rund 70 ha stehen hier insgesamt 120000 Zylinderwannen, von denen jede 2,5 m breit und 50 m lang ist. In ihren Absorberröhren aus Chromstahl zirkuliert Thermoöl als Arbeitsmedium, während der Sekundärkreislauf

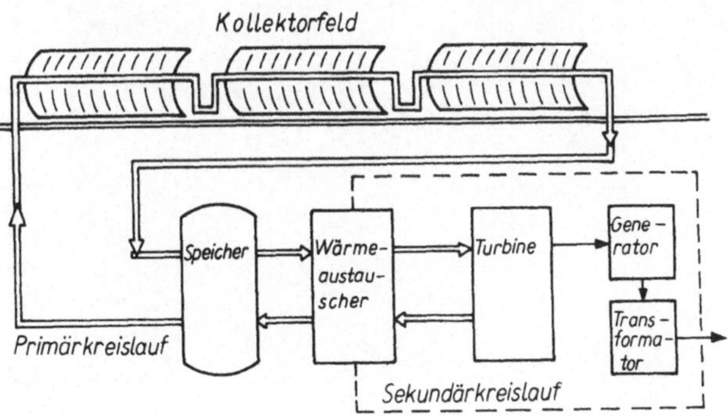

Abb. 9. Funktionsschema eines solarthermischen Kraftwerks nach dem Farmkonzept

Abb. 10. Solare Pump- und Wasserentsalzungsanlage nach dem Farmkonzept in der Wüste Karakum

zur Elektroenergieerzeugung mit Wasser arbeitet. Die elektrische Leistung der beiden Ausbaustufen SEGS I und SEGS II (SEGS ≙ Solar Electric Generating Systems) beträgt zusammen 34 MW. Damit können rund 25000 Haushalte mit Elektroenergie versorgt werden. Die Anlagen haben sich bisher technisch bewährt. Wirtschaftlich konkurrenzfähig sind sie jedoch nur, weil ihr Betrieb durch Zuschüsse aus Forschungsmitteln bzw. weitreichende Steuervergünstigungen finanziell unterstützt wird. Dennoch werden in etwa 60 km Entfernung, bei Kramer Junction, gegenwärtig die Anlagen SEGS III und SEGS IV errichtet.
Wesentlich kleiner ist das Solarfarmkraftwerk auf der „Plataforma Solar de Almeria" in der Nähe der gleichnamigen spanischen Stadt. Hier werden unmittelbar nebeneinander mehrere Versuchsanlagen zur Nutzung der Sonnenenergie betrieben, darunter auch eine Anlage nach dem Farmkonzept mit einer elektrischen Leistung von 500 kW.
Schließlich sei noch eine Anlage zur Entsalzung von Grundwasser erwähnt, die in der Wüste Karakum arbeitet. Täglich liefert das 600 m² große Kollektorfeld zwischen 8 und 12 m³ Süßwasser, das zum Tränken von rund 2000 Karakulschafen genutzt wird (Abb. 10).
Solarthermische Kraftwerke nach dem Farmkonzept eignen sich ausschließlich für Gebiete mit einem hohen Anteil der direkten Sonnenstrahlung an der Globalstrahlung. Aber selbst unter diesen günstigen Bedingungen erreichen sie derzeit nur einen Wirkungsgrad von maximal 15%, ein Wert, der auch künftig nicht wesentlich verbessert werden kann. Etwas höher liegt der Wirkungsgrad von Solarturmkraftwerken, mit denen wir uns im nächsten Abschnitt befassen wollen.

1.2.2.3. Heliostate und Sonnentürme

Bei den Solarturmkraftwerken reflektieren bis zu mehrere hundert meist rechteckige Heliostate, von denen jeder einzelne über ein Rechnersystem in zwei Achsen dem aktuellen Stand der Sonne nachgeführt wird, die Sonnenstrahlen auf den auf einem hohen Turm installierten Absorber. Er besteht in der Regel aus einem geschwärzten Stahlrohrsystem. Von ihm wird die Wärmeenergie der gebündelten direkten Sonnenstrahlung – es entstehen Temperaturen bis zu 800 °C – auf ein Arbeitsmedium übertragen (Abb. 11). Bei Solarturmkraftwerken kommen dabei neben Wasser bzw. Wasserdampf vor allem flüssiges Natrium und Salz-

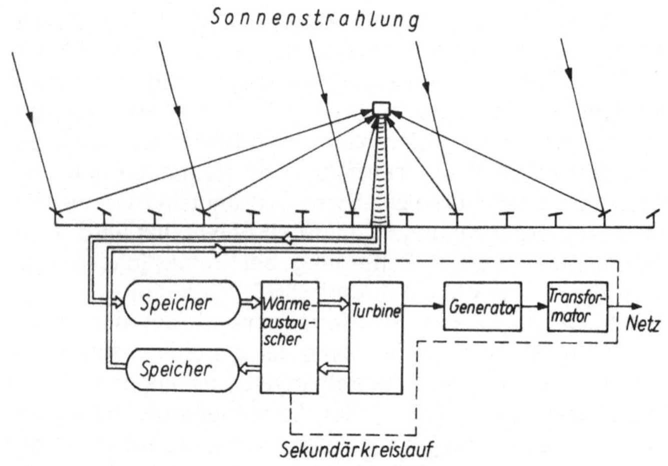

Abb. 11. Funktionsschema eines Solarturmkraftwerks

Tabelle 1. Ausgewählte Daten einiger Solarturmkraftwerke

Land	Ort Anlage	Leistung Wirkungs-grad	Anzahl und Einzelfläche der Helio-state (m^2)	Anlagen-gesamt-fläche (m^2)	Turm-höhe (m)
USA	Albuquerque SANDIA	5 MW_{th} ...	220 37,3	9003	66
USA	Atlanta DOE	0,4 MW_{th} ...	550 0,97	532	20
USA	Barstow Solar One	10 MW_{el} 19 %	1760 40	67000	86
Spanien	Almeria CESA 1	1 MW_{el} 18 %	275 36	9900	50
Spanien	Almeria SSPS-CRS	0,5 MW_{el} 14 %	163 40	4000	43
Frank-reich	Targasonne[1] Themis 1	2 MW_{el} 16 %	380 46	17500	80
Japan	Shikoku	1,2 MW_{el}	850	12800	68
UdSSR	Lenino (Krim) SES-5	5 MW_{el} ...	... ...	...	89

[1] 1986 stillgelegt.

schmelzen (u.a. ein Gemisch aus $NaNO_3$ und KNO_3) zum Einsatz. Möglich sind aber auch Gase wie Luft oder Helium sowie Thermoöle. Da das Arbeitsmedium zugleich auch als Speichermedium fungiert (vgl. Abb. 11), erfolgt dessen konkrete Auswahl meist unter diesem Gesichtspunkt. Fast alle derzeit in Betrieb befindlichen Solarturmkraftwerke verwenden Wasser bzw. flüssiges Natrium als Arbeitsmedium.
Sonnenkraftwerke nach dem Turmkonzept erreichen bereits bei verhältnismäßig kleiner elektrischer Leistung beachtliche Ausmaße. Das liegt vor allem in ihrem geringen Wirkungsgrad begründet, der gegenwärtig noch unter 20% liegt (Tab. 1) und auch in absehbarer Zukunft kaum wesentlich erhöht werden kann. Wollte man beispielsweise ein Kernkraftwerk mit einer Leistung von 1300 MW durch Solarturmkraftwerke ersetzen, so wäre dafür selbst an einem so günstigen Standort wie der Sahara eine Fläche von etwa 30 bis 50 km^2 erforderlich (vgl. Tab. 20). Die Anzahl der Heliostate ginge in die Hunderttausende, und der oder die Türme mit dem Absorber an der Spitze würden bis zu 300 m Höhe aufragen. Das ist wohl einer der Gründe dafür, warum die Zahl der gegenwärtig in Betrieb befindlichen Solarturmkraftwerke sehr gering ist. Tab. 1 enthält für die wichtigsten von ihnen einige ausgewählte technische Daten.
Einen interessanten Lösungsweg verfolgt man derzeit in der Sowjetunion. Dort entsteht auf den Reißbrettern der Konstrukteure von Atomteploelektroprojekt eine solare Kombianlage, als deren Standort die Wüste Kysylkum vorgesehen ist. Sie besteht aus einem konventionellen erdgasgefeuerten Wärmekraftwerksteil von 200 MW Leistung. Damit gekoppelt ist ein Solarturmkraftwerk, dessen thermische Leistung nach dem Projekt 100 MW betragen wird. Es verfügt auf einer Fläche von 150 ha über 5250 große Heliostate, die die Sonnenstrahlen auf den an der Spitze eines sehr hohen Turmes installierten Absorber reflektieren. Der am Turmfuß erzeugte Dampf (vgl. Abb. 11) wird anschließend in einem Dampferzeuger des herkömmlichen Kraftwerksteils weiter bis auf Temperaturen von rund 500 °C überhitzt und danach über die Turbinen geleitet. Das Solarturmkraftwerk dient also gewissermaßen nur als Zusatzenergiequelle für den gesamten Kraftwerkskomplex, wobei dessen konventioneller Teil eine kontinuierliche Energiebereitstellung ermöglicht.
Zum Schluß sei noch auf das Versuchsmodell eines verblüffenden Sonnenkraftwerkes verwiesen, das derzeit vom Georgia Institute of Technology in Atlanta betrieben wird. Es handelt sich dabei um eine Sonderform des Solarturmkraftwerkes, bei der

Abb. 12. Das sowjetische Solarturmkraftwerk SES-5 im Bau

die Heliostate das Sonnenlicht nicht auf einen hohen Turm, sondern auf eine nur 10 m hohe Wand reflektieren. Über sie fließt in mehreren Stufen geschmolzenes Salz. Durch die Wärmeenergie der gebündelten direkten Sonnenstrahlung wird diese Schmelze aus verschiedenen Karbonaten weiter aufgeheizt. Am Fuß der „Salzwand" fließt sie dann über mehrere Wärmetauscher, die ihr einen Teil der Wärmeenergie entziehen und auf einen Sekundärkreislauf übertragen. Das dort entstehende Heißwasser bzw. der Dampf kann anschließend auf die schon mehrfach beschriebene Weise genutzt werden. Die Versuchsanlage hat eine elektrische Leistung von 50 kW und soll über einen höheren Wirkungsgrad als Turmkraftwerke verfügen. Deshalb wird erwogen, eventuell in Albuquerque (US-Bundesstaat New Mexico) eine industrielle Versuchsanlage mit einer elektrischen Leistung von 1 bis 5 MW zu errichten.
Ungeachtet der hier aufgezeigten, zum Teil bemerkenswerten Verfahrensvarianten, ist eindeutig festzustellen, daß Solarturmkraftwerke künftig keinen nennenswerten Beitrag zur Elektroenergieversorgung der Menschheit leisten können. Der hohe Platzbedarf und die nicht unerheblichen Elektroenergieerzeugungskosten sind dafür die ausschlaggebenden Faktoren.

1.3. Photovoltaische Umwandlung

Bereits im Jahre 1839 entdeckte der französische Naturforscher Alexandre Edmond Becquerel, daß bei der Einstrahlung von Licht in bestimmte Strukturen eine elektrische Spannung erzeugt werden kann. Die Deutung dieses verblüffenden Effekts verdanken wir keinem geringeren als Albert Einstein (1879–1955). Er gab im Jahre 1905 die theoretische Erklärung für den sog. lichtelektrischen oder auch photovoltaischen Effekt, der heute zu den aussichtsreichsten Nutzungsverfahren der Sonnenenergie zählt. Die dabei ablaufenden Prozesse sind recht kompliziert und vielschichtig und sollen daher hier nur sehr skizzenhaft vorgestellt werden.

1.3.1. Elektroenergie aus Licht

Als besonders geeignet für die Nutzung des lichtelektrischen Effekts haben sich die Halbleiter erwiesen. Sie stehen, wie schon der Name sagt, zwischen leitenden Materialien (Metalle) und nichtleitenden (Isolatoren) und zeichnen sich durch eine besondere Eigenschaft aus. Bei ihnen kann nämlich die Ladungsdichte erhöht werden, wenn den gebundenen oder Valenzelektronen eine verhältnismäßig geringe Energiemenge zugeführt wird. Deren konkrete Höhe hängt vom jeweiligen Halbleitermaterial ab, liegt aber stets im Bereich von weit unter einem Elektronenvolt (eV) bis zu nur einigen eV. Damit eignet sich als Energiequelle für die Erhöhung der Ladungsdichte sowohl die Sonnenstrahlung als auch künstliches Licht. Trifft nun eines von beiden auf das Halbleitermaterial, so läuft, grob beschrieben, folgender Vorgang ab. Eines der gebundenen Elektronen wird nach der Absorption eines Photons frei, hinterläßt aber an der Stelle der dadurch zerrissenen Bindung eine Fehlstelle, ein sog. Loch. Dieses hat eine positive Ladung, die der Größe nach der Ladung des Elektrons entspricht. Damit wirkt es auf ein anderes Elektron ein, was dazu führt, daß sich nun dieses aus seiner Bindung löst und das Loch besetzt. Aber dadurch entsteht natürlich wieder ein Loch, welches ebenfalls auf ein Elektron wirkt. Es verläßt seinen alten Platz, besetzt das Loch und hinterläßt eine Fehlstelle. Wenn man so will – ein Kreislauf ohne Ende, der aber auf ein sehr enges Verhältnis von Elektronen und Löchern hindeutet. Daher spricht man auch meist von Elektronen-Loch-Paaren in den Halbleitern.

Für die praktische Nutzung des lichtelektrischen Effekts mittels Solarzellen kommt es nun darauf an, nach der Auslösung des oben beschriebenen Vorgangs durch das Licht eine Vereinigung von Elektronen und Löchern zu Paaren zu verhindern. Dies kann durch die Zugabe sehr geringer unterschiedlicher Beimengungen in dem Halbleiter (Dotierung) erfolgen, wobei so in einem Halbleiter zwei Typen geschaffen werden. Beim ersten, dem n-Halbleiter, überwiegen die freien Elektronen (negative Ladung), während beim zweiten Typ, dem p-Halbleiter, die Löcher mit ihrer positiven Ladung vorherrschen. An der Grenze zwischen beiden Typen entsteht eine Sperrschicht, der sog. p-n-Übergang, mit einem elektrischen Feld. Unter dessen Wirkung wandern die Löcher aus dem n-Halbleiter in den p-Halbleiter, die Elektronen nehmen den umgekehrten Weg. Damit können sie sich aber nicht mehr zu Paaren verbinden, sondern sammeln sich zu beiden Seiten der Sperrschicht – es entsteht eine Quellspannung. Wird nun ein äußerer Stromkreis geschlossen, so fließt ein elektrischer Strom (Abb. 13).

Nach der Anordnung der Sperrschicht im oder am Halbleiter unterscheidet man eine ganze Reihe von Solarzellentypen, auf de-

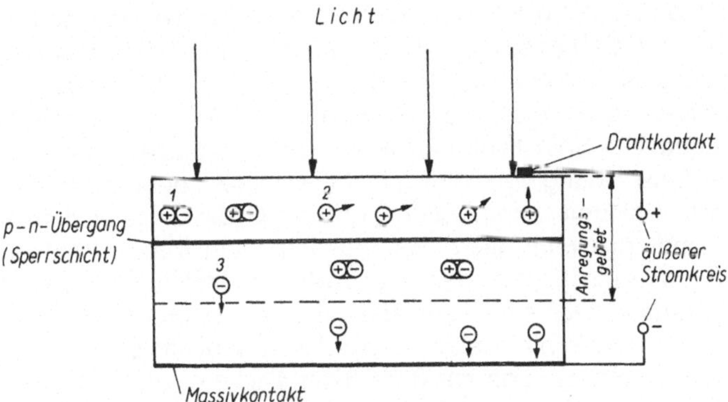

Abb. 13. Wirkungsweise einer Solarzelle (stark vereinfacht). *1* Elektron-Loch-Paar; *2* Loch; *3* Elektron

ren nähere Beschreibung hier aus Platzgründen verzichtet werden muß. Für die weiteren Ausführungen soll genügen, daß Solarzellen Bauelemente auf Halbleiterbasis sind, die die solare Strahlungsenergie (und die des künstlichen Lichts) auf der Grundlage des photovoltaischen Effekts direkt in elektrische Energie umwandeln. Dabei geben einzelne Solarzellen bei voller Sonneneinstrahlung eine Leistung von unter 1 W bei weniger als 1 V Spannung ab. In der praktischen Anwendung ist daher die Schaltung mehrerer Solarzellen zu einem Solarmodul erforderlich. Mehrere Module ergeben dann eine Solarbatterie, die eine Gleichspannung von meist 12 V bereitstellt.

Die erste industriell gefertigte Solarzelle stammt, wie bereits kurz erwähnt, aus dem Jahre 1954 und hatte einen Umwandlungswirkungsgrad von 6%. Heutige Solarzellen, die fast ausschließlich aus mono- oder multikristallinem Siliziummaterial hergestellt werden, erreichen bei serienmäßiger Fertigung Wirkungsgrade bis zu 16% (Tab. 2). Labormuster bringen es auf rund 22% und nähern sich damit schon fast dem theoretisch maximal erreichbaren Wirkungsgrad, der bei etwa 25% liegt.

Tabelle 2. Umwandlungswirkungsgrad von Solarzellen auf der Basis von Siliziummaterial (%). (Stand Ende 1987)

Siliziummaterial	Labormaßstab	Serienfertigung
monokristallin	22,0	13,0–16,0
multikristallin	16,0	10,0–13,0
amorph	11,5	5,0– 7,0

Schwerpunkt der weiteren Forschungs- und Entwicklungsarbeiten auf dem Gebiet der Solarzellentechnik sind die Dünnschichtzellen aus amorphem Siliziummaterial. Hier liegen die derzeit erreichbaren Wirkungsgrade bei maximal 7% für die Serienfertigung und 11,5% für Labormuster (s. Tab. 2). Daneben wird auch an der Entwicklung von Dünnschichtzellen aus anderen Materialien wie Galliumarsenid, Cadmiumsulfid/Cadmiumselenid oder Kupferindiumselenid gearbeitet. Aus letzterem Material entwikkelten Wissenschaftler des Hahn-Meitner-Instituts in Berlin (West) Anfang 1987 eine Solarzelle mit einem Wirkungsgrad von 12%. Bei Dünnschichtzellen wird der photovoltaische Effekt auch bei Strukturen von nur 0,0005 mm Dicke erreicht. Ihr großer Vorteil ist, daß sie großflächig in kontinuierlichem Verfahren hergestellt werden können und damit weitaus billiger sind als die Solarzellen aus mono- oder multikristallinem Silizium.
Im praktischen Einsatz werden Solarzellen häufig mit Vorrichtungen zur Strahlenkonzentration, u. a. Fresnell-Linsen oder Heliostate, kombiniert und zweiachsig dem aktuellen Stand der Sonne nachgeführt. Die dadurch erzielbaren Wirkungsgradverbesserungen hängen von den jeweiligen Anlagenkomponenten ab und können daher nicht verallgemeinert werden.
Im Gegensatz zu den bereits vorgestellten solarthermischen Umwandlungsverfahren können Solarzellen auch bei bedecktem Himmel arbeiten und liefern dabei noch rund die Hälfte ihrer maximalen Leistung. Hinsichtlich des Flächenbedarfs gilt für mitteleuropäische Verhältnisse in etwa die Faustregel, daß mit einem Quadratmeter Solarzellenfläche eine maximale elektrische Leistung von rund 100 W bereitgestellt werden kann. Der entscheidende Nachteil aller Solarzellen, auch der aus jüngster Produktion, ist der hohe Herstellungspreis und damit natürlich auch die beträchtlichen spezifischen Elektroenergieerzeugungskosten. Auf sie wird im Abschn. 1.3.3. noch kurz eingegangen.

1.3.2. Sonnenpaddel und Solarsatellit

In den ersten Jahren ihrer praktischen Nutzung wurden Solarzellen fast ausschließlich für die Elektroenergieversorgung von Raumflugkörpern eingesetzt. Und bis heute sind sie u. a. als Sonnenpaddel ein wesentlicher Bestandteil von Satelliten für die unterschiedlichsten Einsatzzwecke; die bemannten Raumstationen werden ebenfalls auf diesem Wege mit Energie versorgt. Solarzellen haben keine beweglichen Teile, sie sind verschleißfest

und benötigen kaum Wartung. Mit ihnen kann daher der zum Teil doch recht erhebliche Elektroenergiebedarf der Bordaggregate einfach und problemlos gedeckt werden. Zudem sind Solarzellen im Weltraum besonders leistungsfähig, da auf der Umlaufbahn keine Dämpfung der Strahlungsintensität erfolgt. Geht man von der zu Beginn dieses Kapitels genannten Solarkonstante außerhalb der Erdatmosphäre von rund 1,34 kW/m^2 und einem durchschnittlichen Wirkungsgrad von 14 % aus, so stellt 1 m^2 Solarzellenfläche immerhin eine Leistung von 190 W bereit.
Die mit den Sonnenpaddeln erzeugte Elektroenergie dient, wie wir gesehen haben, der Bordversorgung von Raumfahrzeugen. Sie kann also auf der Erde nicht genutzt werden. Von großem Interesse sind daher jene Projekte zur Solarzellennutzung im Weltraum, die schon vor fast zwei Jahrzehnten auf den Tisch gelegt wurden, aber noch heute wie aus einem Science-fiction-Roman anmuten. Gemeint sind die Arbeiten zur Schaffung eines sog. Satelliten-Energie-Systems, kurz SPSS (Solar-Power-Satellite-System) genannt. Bei ihm ist vorgesehen, großflächige, mit Solarzellen bestückte Satelliten auf eine geostationäre Umlaufbahn, d. h. in rund 36 000 km Höhe zu bringen. Die dort mit ihnen erzeugte Elektroenergie soll dann mittels Mikrowellen oder Laserstrahlen über große Antennenanlagen zur Erde abgestrahlt werden, wo in entsprechenden Empfangsstationen die Rückverwandlung von Mikrowellen bzw. Laserstrahlen in Elektroenergie erfolgt. Um eine Vorstellung von den Ausmaßen eines solchen SPSS zu vermitteln, hier einige Daten aus einem von der NASA, der amerikanischen Weltraumbehörde, offiziell vorgelegten Projekt. Es sieht vor, Anlagen für eine auf der Erde verfügbare elektrische Leistung von jeweils 8 766 MW zu installieren. Der dafür erforderliche Solarsatellit soll eine Fläche von 49,6 km^2 aufweisen und mit mehreren Milliarden Solarzellen bestückt sein. Zusammengesetzt aus 128 einzelnen Kassetten von jeweils 667,5 m^2 Fläche und einer Höhe von 470 m, wird die Gesamtmasse dieses Giganten auf mehrere tausend Tonnen veranschlagt. Der Durchmesser der Abstrahlantenne wird im Projekt mit 1 420 m angegeben. Derzeit und auch in absehbarer Zukunft gibt es allerdings in den USA kein einsatzbereites und auch kein in der Entwicklung befindliches Trägerraketensystem, um eine solche Last, auch in Etappen, auf die besagte geostationäre Umlaufbahn zu bringen. Daher wurden die Arbeiten am SPSS auf unbestimmte Zeit auf Eis gelegt.
Auch in der UdSSR befaßt man sich schon seit geraumer Zeit mit Fragen zu Solarsatelliten. Im Gegensatz zur NASA begnügt man

sich allerdings zunächst mit relativ kleinen Anlagen, deren technische Realisierung als lösbar erscheint, zumal seit 1987 mit der Trägerrakete „Energija" ein Transportmittel dafür vorhanden ist. Wann allerdings der erste Solarsatellit unseren Planeten umkreisen wird, ist noch unklar.

1.3.3. Solarzellen auf der Erde

Auf der Erde haben Anlagen zur Bereitstellung von Elektroenergie auf der Basis von Solarzellen ebenfalls eine relativ weite Verbreitung gefunden, wenngleich ihr Anteil an der Elektroenergieerzeugung auf unserem Planeten verschwindend gering ist. Man geht davon aus, daß derzeit weltweit Solarzellen mit einer Gesamtleistung von rund 60 MW im Einsatz sind. Der jährliche Zuwachs wird nach vorsichtigen Schätzungen auf etwa 5 MW veranschlagt, wobei sich allerdings die Palette der Einsatzmöglichkeiten von Solarzellen ständig verbreitert. Schon heute liefern sie beispielsweise Elektroenergie für Fernsehgeräte, die u. a. im Rahmen des Bildungsprogramms der indischen Regierung auch

Abb. 14. Solarzellenanlage zum Wasserpumpen im Staatsgut „Bacharden" (Turkmenische SSR). Stündlich werden 2 bis 3 m³ Wasser aus etwa 20 m Tiefe gefördert

in den entlegensten Dörfern des Subkontinents aufgestellt werden können. Die mit Solarzellen erzeugte Elektroenergie wird für Kommunikationseinrichtungen genutzt und treibt Pumpen, Kühl- und Klimaaggregate sowie Produktionsvorrichtungen an (Abb. 14). Von Bedeutung sind auch Solarzellenkraftwerke, von denen es bereits einige kleinere gibt. Sie speisen die Elektroenergie nach der Umformung (Gleichstrom in Wechselstrom) in das öffentliche Versorgungsnetz ein. Aus der Vielzahl der vorhandenen Anwendungsbeispiele sollen hier einige noch etwas näher vorgestellt werden.

So wurde bereits 1983 eine rund 1000 km lange Richtfunkstrecke der ägyptischen Postverwaltung auf der Halbinsel Sinai in Betrieb genommen, bei der 18 der insgesamt 27 Stationen über keinen Netzanschluß verfügen. Hier liefert die Sonnenstrahlung über entsprechende Solarzellenmodule von insgesamt 33 kW Leistung die erforderliche Elektroenergie.

Eine Leistung von 200 kW weist die Solarzellenanlage der Firma Solarex Corporation in Rockville (US-Bundesstaat Maryland) auf. Mit ihr kann der gesamte Elektroenergiebedarf der Produktionsanlagen dieses Unternehmens zur Herstellung von Solarzellen gedeckt werden. Das rund 2600 m² große Schrägdach der Fertigungshalle ist vollständig mit Solarzellen bedeckt, die mit einem Batteriespeicher von 2,5 MW · h Kapazität verbunden sind. Auf diese Weise ist eine kontinuierliche Elektroenergiebereitstellung auch in den Nachtstunden und bei starker Bewölkung gesichert. Weiterhin treibt die aus der Sonnenstrahlung erzeugte Elektroenergie noch die Wärmepumpen zur Gebäudeklimatisierung an.

Eine besondere Aufgabe haben Solarzellen an der Erdgasfernleitung Mittelasien – Zentralrußland übernommen. Sie liefern hier die Elektroenergie für den kathodischen Korrosionsschutz der Pipeline. Ebenfalls in der UdSSR, genauer in Turkmenien, werden Pumpen zur Grundwasserförderung mit Elektroenergie aus der Sonnenstrahlung angetrieben. Weiterhin werden Solarzellen zur Elektroenergieversorgung von Gebäuden und kleinen Produktionsstätten eingesetzt.

Neben diesen photovoltaischen Umwandlungsanlagen für eine Elektroenergiebereitstellung im sog. Inselbetrieb, d. h. für die Bedarfsdeckung kleiner, nicht an das Netz angeschlossener Bereiche, werden in zunehmendem Maße auch Solarzellenkraftwerke in des Wortes eigentlicher Bedeutung, also für die öffentliche Elektroenergieversorgung, genutzt. Die derzeit größte Anlage dieser Art in der Welt arbeitet seit Mitte 1984 in Carrisa

Plains, in der Nähe von San Luis Obispo (US-Bundesstaat Kalifornien). Sie hat eine maximale Leistung von 6,5 MW und besteht aus zwei großen Feldern zweiachsig der Sonne nachführbarer Solarzellenbatterien auf der Basis von monokristallinem Silizium. Teilweise sind die Solarbatterien mit Heliostaten zum Zwecke der Strahlungskonzentration gekoppelt. Ursprünglich erhofften sich die Konstrukteure davon eine deutliche Erhöhung des Umwandlungswirkungsgrades der Solarzellen. Jedoch erwärmten sich diese dadurch bis auf 60 °C, was eine Leistungseinbuße zwischen 10 und 15 % bewirkte. Die maximale Leistung des Solarzellenkraftwerkes von Carrisa Plains liegt daher nur zwischen 4 und 5 MW.

Ebenfalls 1984 wurde das damals größte Solarzellenkraftwerk Europas in Betrieb genommen. Es steht auf der Nordseeinsel Pellworm und nimmt eine Fläche von 16 000 m^2 ein. Darauf sind insgesamt 15 840 Solarzellenmodule, aufgeteilt in 22 betriebsmäßig schaltbare Untergruppen, installiert. Die Gestelle der Module sind so hoch ausgelegt, daß nahezu die gesamte Fläche des Solarkraftwerkes auch noch als Schafweide genutzt werden kann. Die Anlage von Pellworm hat eine Nennleistung von 300 kW und versorgt vorrangig das Kurzentrum Pellworm. Ein kleiner Teil der erzeugten Elektroenergie wird auch in das öffentliche Netz der Insel eingespeist. Das Solarzellenkraftwerk von Pellworm hat sich bisher technisch bewährt, einige Sorgen bereitet den Betreibern jedoch seine Wirtschaftlichkeit. Immerhin liegen die spezifischen Elektroenergieerzeugungskosten bei 3,27 DM/(kW · h).

Ungeachtet dessen werden in der BRD von einigen Energieversorgungsunternehmen in Verbindung mit der solarzellenherstellenden Industrie weitere photovoltaische Demonstrationsanlagen in Angriff genommen. Sie dienen u. a. auch als Referenzanlagen für beabsichtigte Exportvorhaben. Beispielsweise entstand bis Mitte 1988 der erste Abschnitt des Solarzellenkraftwerkes von Kobern-Gondorf (Landkreis Mayen-Koblenz) mit einer Leistung von 300 kW. Es steht in einer traditionellen Weinbaugegend auf einem nach Süden geneigten Hang mit besonders hoher Sonneneinstrahlung. Für die erste Ausbaustufe werden Solarzellen aus monokristallinem Silizium von verschiedenen Herstellern genutzt, wobei die Elektroenergieerzeugungskosten in einem Bereich von 3 bis 4 DM/(kW · h) liegen. Für den weiteren Ausbau des Kraftwerkes bis zu einer Nennleistung von 1 MW sollen dann auch amorphe Dünnschichtzellen eingesetzt werden.

Als richtungweisend für den künftigen Solarzelleneinsatz werden die Aktivitäten an einem weiteren Solarkraftwerk in der BRD betrachtet. Die Anlage wird in der Nähe von Neuenburg vorm Wald (Oberpfalz) errichtet und besteht aus 5000 m^2 Solarzellenfläche mit einer Gesamtleistung von 500 kW. Pro Jahr können damit rund 500000 kW · h Elektroenergie erzeugt werden. Diese wird dann in einem zweiten Anlagenteil zur Herstellung von Wasserstoff mittels moderner Elektrolyseverfahren eingesetzt. Die Jahresproduktion soll annähernd 100000 m^3 betragen und ausreichen, um 10 bis 15 Wohnhäuser vollständig mit Raumwärme, Warmwasser und Elektroenergie zu versorgen. Vorrangig soll mit der Versuchsanlage das Zusammenspiel der einzelnen Technologien und Anlagenkomponenten für weiterführende Arbeiten auf dem Gebiet der solaren Wasserstofferzeugung getestet werden. Im Mittelpunkt der Bemühungen steht auch hier der mögliche Export derartiger Anlagen in Länder mit einer hohen Globalstrahlung (vgl. Kap. 7).
Mit ähnlichen Projekten befassen sich auch Wissenschaftler und Techniker in Japan, wobei hier der Schwerpunkt der Arbeiten derzeit bei Anlagen zur Elektroenergieversorgung in ländlichen Gebieten liegt. Häufig sind diese Anlagen für den Export vorgesehen, und bereits Mitte 1987 hatte Japan damit u. a. die Dörfer Mae Kasi, Den Maisung und Wang Mi in Thailand ausgerüstet. Die Gesamtleistung der drei solaren Umwandlungsanlagen beträgt 40 kW. Ein ähnliches Projekt mit einer Leistung von 15 kW existiert auch in dem indonesischen Dorf Kenteng, wo die aus den Sonnenstrahlen erzeugte Elektroenergie für Beleuchtungszwecke, zum Betrieb eines Fernsehers und einer Kühlanlage sowie zum Wasserpumpen (6,3 kW) eingesetzt wird. Künftige Vorhaben des japanischen Solarzellenanwendungsprogramms sehen auch die Errichtung von entsprechenden Kraftwerken in dem fernöstlichen Kaiserreich selbst vor. Voraussetzung für die Realisierung derartiger Projekte ist aber die deutliche Senkung der Herstellungskosten von Solarzellen und damit die Verringerung der Elektroenergieerzeugungskosten auf ihrer Grundlage (Tab. 3).
Diese Feststellung gilt übrigens nicht nur für Japan. Generell wird davon ausgegangen, daß die Elektroenergieerzeugung mit Solarzellen im industriellen Maßstab erst dann wirtschaftlich akzeptabel wird, wenn es gelingt, die Kosten für deren Herstellung mindestens um den Faktor 10 zu verringern. An eine Prognose, wann dieses Ziel erreicht werden kann, wagt sich heute noch niemand. Es kann aber mit hoher Wahrscheinlichkeit angenom-

Tabelle 3. Entwicklung der in Japan geplanten Einsatzgebiete von Solarzellen und der dabei zu erwartenden spezifischen Elektroenergieerzeugungskosten dafür

Zeit	Einsatzgebiete	Kosten (Yen/(kW · h))	Art der Solarzellen
1987	spezielle Fälle der Elektroenergieversorgung	200	mono- und multikristallin
1990	Elektroenergieversorgung abgelegener Gebiete. Substitution von dieselelektrischen Generatoren	100–150	mono- und multikristallin
nach 1995	Einrichtungen zur öffentlichen Elektroenergieversorgung (Anschluß ans Netz)	30– 50	kristalline und amorphe Dünnschichtzellen
	Elektroenergieversorgung von Wohnhäusern (mit Anschluß ans Netz)	20– 30	
	Solarzellenkraftwerk	15– 20	

men werden, daß erst nach der Jahrtausendwende billige Solarzellen in großen Mengen verfügbar sein werden.
Nicht oder nur unwesentlich reduzieren läßt sich dagegen der erhebliche Platzbedarf von Solarzellenkraftwerken. Immerhin ist, um in Mitteleuropa ein Kernkraftwerk von 1 300 MW durch ein Solarzellenkraftwerk zu ersetzen, eine Fläche von 100–160 km^2 erforderlich. Und selbst unter den besonders günstigen natürlichen Voraussetzungen der Sahara wären dafür noch etwa 60 km^2 erforderlich. Ähnlich verhält es sich bei dem im Abschn. 1.2.2.3. vorgestellten Solarturmkraftwerken. Der große Flächenbedarf ist aber nur ein Umweltfaktor, der bei Solarkraftwerken berücksichtigt werden sollte. Zwar besteht allgemein die Vorstellung, daß die Umwandlung der Sonnenstrahlung in Elektroenergie eine sehr saubere Sache sei – und für den eigentlichen Umwandlungsprozeß gilt dies auch unbestritten –, aber bei der Produktion von Solarzellen werden große Mengen z. T. hochtoxischer und leichtentzündlicher Gase verwendet. Weiterhin läßt sich heute noch nicht genau absehen, ob die

Überdeckung mehrerer hundert räumlich zusammenhängender Quadratkilometer durch Solarzellenmodule nicht zumindest lokale klimatische Auswirkungen hat, da das Strahlungsgleichgewicht regional stark verändert wird. Wegen der geringen Leistungsdichte erfordern alle Arten von Sonnenkraftwerken einen vergleichsweise hohen spezifischen Aufwand an Baumaterialien wie Stahl, Aluminium, Kupfer oder Zement. Bezogen auf die Erzeugung einer bestimmten Elektroenergiemenge, wachsen damit auch die mit der industriellen Herstellung dieser Materialien verbundenen Umweltauswirkungen.
Alle diese Faktoren, und natürlich auch die schon genannten hohen Elektroenergieerzeugungskosten in den Sonnenkraftwerken, tragen dazu bei, daß sie auch künftig keine echte Alternative zur herkömmlichen Elektroenergieversorgung darstellen. Sie sollten und werden daher auch in Zukunft vor allem als ergänzende Energielieferanten bzw. für spezielle Anwendungsfälle zum Einsatz kommen.
Schließlich sei noch kurz auf die Nutzung von Solarzellen in Fahrzeugen eingegangen. Schon in der Frühzeit der industriellen Solarzellenanwendung gab es Konzepte, sie auch für die Energiebereitstellung von mobilen Objekten, vor allem von Elektroautos, heranzuziehen. Entsprechende Versuchsfahrzeuge, teilweise mit solch klingenden Namen wie „Sonnenkönig", rollten bereits in den 60er Jahren über die Straßen, erreichten aber damals wegen des geringen Wirkungsgrades der Solarzellen und der eingesetzten Blei-Säure-Batterien als Zwischenspeicher nur unbefriedigende Leistungen. Mit der Verdopplung des Wirkungsgrades bei monokristallinen Siliziumsolarzellen und den seit einiger Zeit verfügbaren leistungsfähigen Nickel-Eisen-Batterien änderte sich dies ziemlich rasch, und heute weisen Solarmobile bereits frappierende Leistungsdaten auf. Beispielsweise erreichte das Siegerfahrzeug der 1. „Tour de Sol", einer Etappenfahrt durch die Schweiz über 368 km, das Ziel nach einer reinen Fahrzeit von 9 h 41 min. Das entspricht einem Stundenmittel von 38 km, gefahren in einem bergigen Gelände, bei fast ständig trüber Witterung. Dabei brachte es das 180 kg schwere Gefährt der Firma Daimler-Benz/Alpha Real immerhin auf eine Spitzengeschwindigkeit von mehr als 80 km/h. Als Energielieferant diente eine 4,32 m^2 große Solarzellenfläche, die links und rechts der Fahrerkanzel des an einen Formel-I-Renner erinnernden „Silberpfeils" angebracht war. Auch in den Folgejahren wurde die als inoffizielle Weltmeisterschaft für Solarmobile ausgeschriebene „Tour de Sol" durchgeführt, wobei spätere Sieger sogar

Spitzengeschwindigkeiten von rund 100 km/h erreichten. Ähnliche Etappenfahrten wurden und werden auch in anderen Ländern ausgetragen; Mitte 1987 starteten Solarmobile im nordaustralischen Darwin sogar zu einem Rennen quer durch den fünften Kontinent. Obwohl es mittlerweise auch schon Solarflugzeuge und -boote als Testmodelle gibt, wird sich der Einsatz von Solarzellen in Fahrzeugen auch in absehbarer Zukunft kaum durchsetzen. Zu sehr hängt ihre Nutzung, trotz moderner Batteriesysteme, von der jeweiligen Witterung ab, und bei Nacht wäre ein Betrieb fast unmöglich. Die entsprechenden Versuchsfahrzeuge werden auch weiterhin vorrangig der Erprobung neuer leistungsstarker Solarzellen im Verbund mit solchen Komponenten wie neuartigen Batteriesystemen und Gleichstrommotoren sowie superleichten Werkstoffen dienen.

1.4. Wärme aus kalten Fluten

Wurden bisher ausschließlich Möglichkeiten vorgestellt, die Sonnenstrahlen direkt in nutzbare Energieformen umzuwandeln, so soll zum Abschluß dieses Kapitels noch auf eine indirekte Nutzungsform der Sonnenstrahlung hingewiesen werden. Bekanntlich heizen die Sonnenstrahlen das Wasser von Seen, Flüssen und dem Meer ebenso auf wie die Luft oder das Erdreich. Wenn auch die dabei auftretenden Temperaturen relativ niedrig sind, so bietet sich hier dennoch ein ganz erhebliches energetisches Potential an, das mit Hilfe des Einsatzes von Wärmepumpen teilweise nutzbar gemacht werden kann.
Das Arbeitsprinzip der Wärmepumpe wurde schon vor mehr als einhundert Jahren entdeckt, jedoch bisher fast ausschließlich zum Betrieb von Kälteanlagen genutzt. Dabei wird einem verhältnismäßig kleinen Volumen, beispielsweise dem Inneren eines Kühlschranks, durch das Verdampfen eines Arbeitsmittels in einem ersten Wärmetauscher eines in sich geschlossenen Systems ständig Wärme entzogen und diese über einen zweiten Wärmetauscher, den Kondensator, in dem sich das Arbeitsmittel wieder verflüssigt, an ein großes Volumen, z. B. die Küche, abgegeben. Genau entgegengesetzt läuft dieser Vorgang beim Einsatz des Aggregates als Wärmepumpe ab. Hierbei wird einem großen Volumen, der Wärmequelle, durch das Verdampfen des Arbeitsmittels im ersten Wärmetauscher die meist auf einem niedrigen Temperaturniveau vorhandene Wärme entzogen. Über den zweiten Wärmetauscher wird sie dann auf einem hö-

heren Temperaturniveau an ein kleines Volumen abgegeben. Trotz der nur angedeuteten Beschreibung der Funktionsweise wird sicher deutlich, daß es zwischen einer Wärmepumpe und einer Kältemaschine keinen grundsätzlichen Unterschied gibt. Allein die konkreten Einsatzbedingungen entscheiden darüber, ob das Aggregat für den einen oder den anderen Anwendungsfall genutzt wird.

Ziel des Wärmepumpeneinsatzes ist es, ganz allgemein gesagt, die auf einem niedrigen Temperaturniveau in einer Wärmequelle vorhandene Energie auf ein höheres Temperaturniveau zu heben und diese Wärmeenergie zu nutzen. Die Wärmeenergie muß dabei von der kalten Seite (der angezapften Wärmequelle) zur warmen, dem Anwender, fließen. Nach dem 2. Hauptsatz der Thermodynamik kann sie aber nicht allein dorthin gelangen. Dazu ist eine Antriebsenergie erforderlich, die von einem Kompressor geliefert wird. Dieser ist zwischen die beiden Wärmetauscher geschaltet und verdichtet das vom ersten Wärmetauscher kommende gasförmige Arbeitsmittel. Dabei wird es zugleich aufgeheizt, ein Effekt, den man auch beobachten kann, wenn man den Reifen eines Fahrrades aufpumpt. Die Verdichtung des Arbeitsmittels bewirkt aber auch, daß sich dessen Siedepunkt verringert. Und schließlich sei noch auf ein weiteres physikalisches Prinzip hingewiesen, das bei der Arbeit einer Wärmepumpe wirkt: um eine Flüssigkeit, in unserem Fall das Kältemittel, zu verdampfen, muß stets eine bestimmte Wärmemenge aufgewendet werden, ohne daß sich dabei dessen Temperatur verändert. Diese aufgenommene Wärmeenergie wird dann bei der Kondensierung des Gases, ebenfalls ohne Temperaturveränderung, wieder freigesetzt.

Vielgestaltig sind die Quellen, aus denen Wärmepumpen Energie entnehmen können. Sie kommen u. a. bei der Abwärmenutzung zum Einsatz, können aber auch Wärme aus fließenden und stehenden Gewässern, dem Erdreich oder der Luft entziehen. Die dort entnommene Wärmeenergie wird durch die Arbeit der Wärmepumpe bis auf etwa 80 °C, also ein Vielfaches der Ausgangstemperatur in der angezapften Wärmequelle, gewissermaßen heraufgepumpt und steht dann als Heizenergie bereit oder kann zur Brauchwasserbereitung eingesetzt werden. Dabei beträgt die am Kondensator der Wärmepumpe zur Verfügung stehende Wärmemenge ein Mehrfaches der für den Antrieb des Kompressors erforderlichen Energie; sie ergibt sich als Summe aus der der Wärmequelle entzogenen Wärmemenge und der Antriebsleistung für den Kompressor. Bezogen auf den Primär-

energieträgereinsatz, erreichen daher Wärmepumpen stets Wirkungsgrade von mehr als 100 %. Das verblüfft zunächst und erscheint unmöglich, aber, wie schon gesagt, der überwiegende Anteil der nutzbaren Wärmeenergie stammt aus der angezapften Quelle.
Aus der Vielzahl der konkreten Anwendungsfälle dieser Möglichkeit zur indirekten Nutzung der Sonnenstrahlen soll hier zur Veranschaulichung lediglich die derzeit größte Wärmepumpenanlage der Welt erwähnt werden. Sie schwimmt im Stockholmer Hafenbecken und hat die Ausmaße eines 15 000-t-Tankers. Ihre sechs Großwärmepumpen haben eine Gesamtabgabeleistung von 170 MW bei einer Antriebsleistung der Kompressoren von 50 MW. Die 120 MW Differenz werden dem Brackwasser des Hafens durch eine Abkühlung um nur 2 °C entzogen. Dazu werden pro Sekunde 8 bis 9 m^3 Seewasser zu den Wärmetauschern gepumpt. Mit der von der Anlage bereitgestellten Energie können rund 100 000 Wohnungen mit Heizwärme und Warmwasser versorgt werden. Angaben über die spezifischen Kosten dieser Wärmebereitstellung liegen allerdings bisher noch nicht vor.
Der Vollständigkeit halber sei noch erwähnt, daß Solarabsorber (vgl. Abschn. 1.2.1.2.), vor allem solche in Plattenbauweise, häufig als erste Wärmetauscher einer Wärmepumpenanlage fungieren. Sie können dann neben der Sonnenstrahlung auch die Wärmeenergie der Umgebungsluft nutzen und erbringen bei warmer, regnerischer Witterung besonders gute Ergebnisse.
Der Nutzung der sog. Umweltenergie mittels Wärmepumpen für die Bereitstellung von Heizwärme und Brauchwarmwasser räumen die Energiewirtschaftler für die Zukunft einige Bedeutung ein.

2. Energie aus dem Wind

Gerade in jüngster Zeit häufen sich Meldungen über Projekte zur Nutzung der Windenergie in aller Welt. Dabei wird manchmal der Anschein erweckt, als könnte der Energiebedarf der Menschheit zu einem beträchtlichen Teil aus dieser Quelle ge-

deckt werden. Doch man scheint vergessen zu haben, daß der Wind für ein solches Vorhaben ein äußerst launischer und unzuverlässiger Partner ist. Er bläst nicht auf Befehl eines Dispatchers und kann nicht, wie das Betriebsregime eines Kraftwerkes, auf lange Sicht geplant und gesteuert werden. Bei Flaute oder geringer Windstärke – ein Zustand, der gar nicht so selten ist – nützt auch die beste Umwandlungstechnologie nichts. Sind die Windgeschwindigkeiten zu hoch, müssen die entsprechenden Anlagen abgeschaltet werden. Und schließlich ist, wie wir noch sehen werden, die Energie aus dem Wind nicht gerade billig.
Dennoch erscheint die Nutzung der Windenergie äußerst verlockend und, wie die eingangs erwähnten Meldungen beweisen, durchaus realisierbar. Es erhebt sich daher die Frage, welchen Stellenwert sie in unserer Zeit wirklich hat, ob die Energie aus dem Wind tatsächlich eine reale Alternative ist. In den folgenden Abschnitten soll versucht werden, hierauf eine Antwort zu finden.

2.1. Grundlagen der Windenergienutzung

Der Wind, die wohl bekannteste meteorologische Erscheinung auf unserem Erdball, ist ein direkter Abkömmling der im vorherigen Kapitel behandelten Sonnenenergie. Ständig werden zwischen 1,5 und 2,5% der die Erde erreichenden Strahlungsenergie der Sonne in Strömungsenergie der Atmosphäre umgesetzt. Das entspricht einem mittleren Leistungspotential der Windenergie von $2{,}6 \cdot 10^3$ bis $4{,}3 \cdot 10^3$ Terawatt. Allerdings ist dieses Potential nicht gleichmäßig über die Erde verteilt und auch nicht zu jeder Zeit in gleicher Höhe anzutreffen. Neben sehr windigen „Ecken" auf unserem Planeten gibt es weite Gebiete mit nur geringer durchschnittlicher Luftbewegung. Die weiterhin wirkenden jahreszeitlichen Schwankungen der Windgeschwindigkeit brauchen hier wohl nicht näher erläutert zu werden. Begriffe wie Herbst- oder Winterstürme gehören zum allgemeinen Sprachgebrauch und drücken einen Sachverhalt aus, der jedem bekannt sein dürfte. Einfluß auf die durchschnittliche Windgeschwindigkeit und damit letztlich auch direkt auf die Nutzungsmöglichkeiten der Windenergie hat weiterhin das Oberflächenprofil des jeweiligen Territoriums. Allgemein gilt, daß wegen der geringen Oberflächenrauhigkeit der Weltmeere dort und in den unmittelbar angrenzenden Küstengebieten besonders hohe mittlere Windgeschwindigkeiten zu erwarten sind. Durch die deut-

lich höhere Bodenrauhigkeit des Festlandes verringert sich diese dann landeinwärts sehr rasch, und schon nach weniger als 100 km sinken die Jahresmittel der Windgeschwindigkeit so stark ab, daß eine Nutzung der Windenergie kaum noch sinnvoll erscheint. Eine Ausnahme bilden hier lediglich die großen Ebenen im asiatischen Teil der UdSSR sowie Höhenzüge, da die mittlere Windgeschwindigkeit mit zunehmender Höhe steigt. So bläst der Wind in 50 m Höhe bereits doppelt so stark wie in einer Höhe von 10 m. Auch die Gleichmäßigkeit des Windenergieangebotes nimmt mit der Höhe zu: Fakten, die einen nicht unerheblichen Einfluß auf die Konstruktion von Anlagen zur Windenergienutzung haben.
Auf der Grundlage der von zahlreichen Meßstellen ermittelten Winddaten lassen sich für einzelne Landesteile, ganze Länder und Kontinente sowie die Erde insgesamt Karten über die Verteilung der mittleren Windgeschwindigkeit zu einem bestimmten Zeitpunkt anfertigen und für die Projekte zur Nutzung der Windenergie heranziehen. Als allgemeinste Feststellung kann ihnen entnommen werden, daß – von wenigen Ausnahmen abgesehen – eine effektive Nutzung der Windenergie vor allem in Küstenregionen, auf ausgewählten Höhenzügen sowie dem Meer möglich ist, weil dort, wie schon gesagt, eine ausreichend hohe mittlere Windgeschwindigkeit vorhanden ist. Als untere Grenze gelten dabei 5 m/s.
Welches theoretische Energiepotential steckt nun im Wind bei einer bestimmten Geschwindigkeit? Bei der Beantwortung dieser Frage hilft uns die Physik weiter, denn strömende Luft ist nichts anderes als eine bewegte Masse m, deren kinetische Energie mit dem Quadrat ihrer Geschwindigkeit v steigt. Bewegt sich nun ein Luftvolumen V mit der Dichte ϱ (die Masse beträgt dann $m = \varrho V$), so ergibt sich seine kinetische Energie nach der Formel

$$E = \frac{1}{2} \varrho V v^2 .$$

Aus energiewirtschaftlicher Sicht interessiert allerdings mehr die Energiedichte, bezogen auf den Strömungsquerschnitt, für die jeweilige Windströmung. Auf ihre rechnerische Ermittlung soll hier nicht eingegangen werden, und lediglich als Beispiel sei angeführt, daß sie bei einer Windgeschwindigkeit von 5,5 m/s, also knapp über der unteren Grenze zur effektiven Nutzung der Windenergie, einen mittleren Wert von 200 W/m² erreicht.

Wenden wir uns nun noch kurz der Frage zu, auf welche Weise es gelingt, die kinetische Energie der Windströmung in mechanische Energie umzuwandeln, oder, einfacher ausgedrückt, warum sich beispielsweise die Flügel einer Windmühle eigentlich drehen. Zum einen ist dies nach dem Widerstandsprinzip möglich, wobei das Drehmoment aus dem unterschiedlichen Widerstand von konkav und konvex gekrümmten Flächen resultiert, die drehbar an einer vertikalen Achse oder Nabe angebracht sind. Bekanntestes Beispiel dafür ist das Schalenkreuz-Anemometer (vgl. Abb. 22), jene Vorrichtung zur Messung der Windgeschwindigkeit, die in jeder Wetterbeobachtungsstation vorhanden ist. Die zweite Möglichkeit beruht auf der Tatsache, daß mittels Widerstandsflächen und auftriebnutzender Drehflügel (z. B. Windmühlenflügel und Rotorblätter) dem Wind ein Teil seiner kinetischen Energie entzogen werden kann. Dabei wird er durch die Antriebsleistung in seiner Geschwindigkeit verzögert, d. h., hinter dem Windmühlenflügel bzw. dem Rotorblatt ist die Windgeschwindigkeit geringer als davor. Der sog. Blattanstellwinkel sagt aus, in welcher Schräglage die Flügel- oder Rotorblattflächen zur Windströmung stehen. Sein konkreter Wert hat einen entscheidenden Einfluß auf die resultierende Kraft an beiden, d. h., auf deren Umdrehungsgeschwindigkeit an der horizontalen Achse und damit auf die dem Wind entziehbare Energiemenge.

Nachdem nun bereits mehrfach von Windmühlenflügeln und Rotorblättern die Rede war, soll sich noch ein kurzer Exkurs in die Geschichte der Windenergienutzung anschließen, ehe auf deren aktuellen Stand eingegangen wird.

2.2. Mühlen drehten sich im Wind – Zur Geschichte der Windenergienutzung

Die Windenergie zählt zu den von der Menschheit bereits am längsten genutzten erneuerbaren Energiequellen. Schon vor mehr als 5000 Jahren trieben auf dem Nil Schiffe mit geblähten Segeln dahin, und bis weit in das 19. Jahrhundert hinein blieb, von wenigen Ausnahmen abgesehen, der Wind die einzige Antriebsenergie für die Schiffahrt. Etwa 2000 Jahre jünger ist die Windmühle, deren konkrete Herkunft sich ein wenig im Dunkel der Geschichte verliert. Aber auch hier werden die Anfänge der Entwicklung in Ägypten vermutet. Jedenfalls berichten alte Überlieferungen davon, daß vor etwa 3000 Jahren in der Nähe von

Alexandria die ersten Mühlenflügel im Wind klapperten. Allerdings kann dies nur im übertragenen Sinne gesehen werden, denn die Flügel der antiken Windmühlen bestanden anfangs meist aus Stoff und waren in ihrer Funktionsweise den Segeln der Schiffe abgesehen. Obendrein verfügten viele von ihnen über eine vertikale Achse. Erst später setzten sich zunächst Mühlen mit horizontaler Achse und später auch mit hölzernen Flügeln durch. Für das 6. Jahrhundert u. Z. ist die Nutzung der Windmühle in Persien belegt, und ungefähr aus der gleichen Zeit stammen erste Berichte darüber aus China.

Nach Europa gelangte das Wissen und Können um den Mühlenbau vermutlich durch die Kreuzfahrer. Es wird aber auch für wahrscheinlich gehalten, daß die Araber diese Kenntnisse im Verlaufe ihrer Kriegszüge selbst bis nach Spanien brachten. Bereits im 9. Jahrhundert wurden dann die ersten Windmühlen in England gebaut. Zumindest ist einer in der Abtei Croyland erhalten gebliebenen Urkunde zu entnehmen, daß dort im Jahre 806 eine Windmühle verschenkt wurde. Im 12. Jahrhundert folgte dann Frankreich mit dem Mühlenbau, und Mönche aus diesem Land brachten etwa ein Jahrhundert später den Holländern die Idee von der Windmühle ins Haus. In der Folge erlebte deren Bau gerade dort eine besondere Blüte. Allerdings waren die ersten in den Niederlanden gebauten Windmühlen, wie übrigens all ihre Vorläufer, von recht einfacher Konstruktion. Vor allem konnten sie nicht gedreht werden, was bedeutete, daß der Wind stets nur dann genutzt werden konnte, wenn er aus einer bestimmten Richtung blies. Das änderte sich dann mit den sog. Turm- oder Holländermühlen, bei denen die Dachhaube und damit auch die Mühlenflügel mittels eines kleinen seitlichen Windrades automatisch in den Wind gedreht werden konnte. Gerechterweise müßten sie eigentlich „Da-Vinci-Mühlen" heißen, denn auf Leonardo da Vinci (1452–1519) soll die Konstruktion der Drehvorrichtung zurückgehen. Eine Skizze von der Hand des Universalgenies zu dieser wichtigen Neuerung ist zumindest bis heute erhalten geblieben. Der Vollständigkeit halber sei noch vermerkt, daß mit der Bockwindmühle auch in Deutschland eine in den Wind drehbare Mühlenform entwickelt wurde.

Die Windmühlen dienten in den europäischen Ländern den unterschiedlichsten Zwecken. Mit ihnen wurde Getreide gemahlen und Holz gesägt, sie pumpten Wasser und trieben Maschinen und Vorrichtungen an. In England war ihre wirtschaftliche Bedeutung so groß, daß das Wort mill (Mühle) im Englischen zum Synonym für Fabrik wurde. In der Neuen Welt, vor allem im karibischen Raum, wurden die Windmühlen nach ihrem Einzug u. a. zum Auspressen des Zuckerrohrs in den Zuckerfabriken eingesetzt. Eine besondere Aufgabe übernahmen sie aber in Holland. Mit ihrer Hilfe, insbesondere mit dem Bau der schon erwähnten Holländermühlen, konnte die Trockenlegung eingedeichter Gebiete in großem Umfang beginnen. Bis zum Jahre 1600 wurden auf diesem Wege rund 100000 ha Land dem Meer abgerungen, und gegen Ende des 19. Jahrhunderts gab es fast 500000 ha Neuland, das durch den Einsatz von Windmühlen geschaffen worden war. Im gleichen Jahrhundert erreichte die Nutzung der Windmühlen in den Niederlanden ihren absoluten Höhepunkt. Man schätzt ein, daß damals über 10000 von ihnen in Betrieb waren, wobei die größten eine Leistung von 50 kW erreichten.

Eine ähnliche Entwicklung vollzog sich auch in den anderen Ländern Europas, und erst der Vormarsch der Dampfmaschine und später der Elektroenergie beendete die dominierende Rolle der Windmühlen bei der Bereitstellung von mechanischer Energie. Nach und nach verschwanden sie aus der Landschaft, kehrten aber recht bald in gewandelter Form wieder zurück. An die Stelle des Mühlengebäudes war ein Gittermast oder Turm getreten, an dessen Spitze sich ein Rotor mit zunächst zahlreichen kleinen, später meist zwei oder drei größeren Blättern oder Flügeln drehte. Diese Windturbine war mittels Getriebe und Kupplung mit einem Generator verbunden, wobei Regeleinrichtungen den Betrieb der nunmehr Windenergiekonverter (WEK) genannten Anlagen steuerten (Abb. 15). Sie hatten die Aufgabe, „Wind zu Strom zu mahlen", übernahmen aber auch weiterhin solch traditionelle Arbeiten wie das Wasserpumpen. Dabei wurden Getriebe und Kupplung direkt mit einer Pumpe verbunden, d. h., die Erzeugung von Elektroenergie entfiel. Derartige Anlagen fanden rasch eine große Verbreitung. So existierten im Jahre 1914 auf dem Gebiet des damaligen Deutschen Reiches

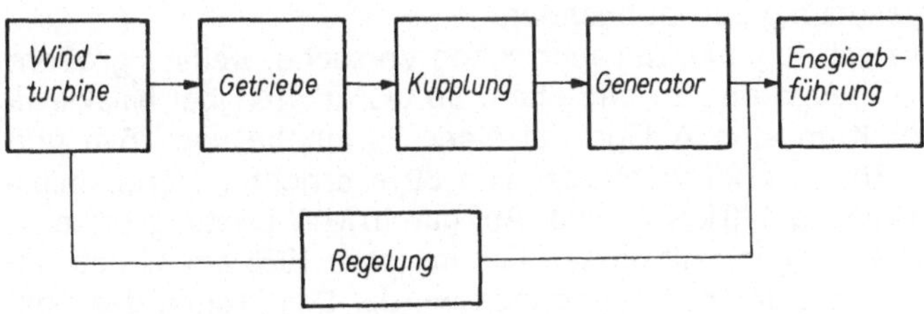

Abb. 15. Blockschaltbild eines Windenergiekonverters

noch 11366 Getreidemühlen mit reinem Windantrieb, aber auch schon 11500 mehrflüglige WEK für die unterschiedlichsten Einsatzzwecke. Etwa um die gleiche Zeit befaßte sich der schwedische Naturforscher Svante Arrhenius (1859–1927) intensiv mit den Fragen der Windenergie. Er schätzte dabei das weltweite Energiepotential des Windes auf 4 Mrd. MW, wovon ein Drittel auf die bodennahen Schichten (bis 1000 m über der Erdoberfläche) entfällt. Gleichzeitig gab er die Prognose ab, daß ein Großteil dieses Energieangebotes für die Menschheit nutzbar gemacht werden könnte. Der von Arrhenius geschätzte Wert stimmt zwar annähernd mit dem Leistungspotential überein, das später durch exaktere Windmessungen bestimmt werden konnte, seiner Prognose hinsichtlich des Umfangs der Windenergienutzung folgen die Experten heute aber nicht. Allgemein wird davon ausgegangen, daß eine künftige Nutzung von mehr als 3% des Windenergiepotentials als illusorisch angesehen werden muß. Ungeachtet dessen riefen die Feststellungen Arrhenius' insbesondere in den Jahren nach dem ersten Weltkrieg zahlreiche Konstrukteure und Techniker auf den Plan, die mit einer ganzen Reihe von Projekten zur Windenergienutzung aufwarteten. Nicht wenige Unternehmen boten damals kleine WEK mit dreiflügligem Rotor und horizontaler Achse an, und die bereits erwähnten Anlagen vom sog. Farmtyp wurden in mehreren Ländern in großen Stückzahlen gebaut und eingesetzt. Als Rotor fungierte bei ihnen ein Windrad mit zahlreichen kleinen Flügeln (s. Abb. 18). Die Anlagen erreichten Leistungen bis zu 20 kW und versorgten insbesondere in abgelegenen Gebieten landwirtschaftliche Betriebe und andere Einrichtungen mit Elektroenergie bzw. lieferten mechanische Energie für die Pumpen zur Be- und Entwässerung sowie zur Sicherung der Wasserversorgung. In den USA waren in den 20er und 30er Jahren rund 6 Mill. WEK dieses Typs im Einsatz, und erst durch den „Rural Electrification Act", das Gesetz zur umfassenden Elektrifizierung der ländlichen Gebiete aus dem Jahre 1936, wurde diese Richtung der Windenergienutzung abrupt beendet.
Aber es gab zu jener Zeit auch schon Versuche, weitaus größere WEK zu bauen und zu betreiben. So wurde 1931 bei Balaklawa auf der Krim eine Anlage mit einer Turmhöhe von 25 m und einem Rotorkreisdurchmesser von 30 m errichtet, deren maximale Leistung 100 kW betrug. Auf gar 10 MW Leistung sollte es ein WEK bringen, mit dessen Bau im Jahre 1936 am Ai-Petri an der Südküste der Krim begonnen wurde. Das Projekt des Konstrukteurs Juri Kondratjuk (1897–1941), der sich u. a. auch mit

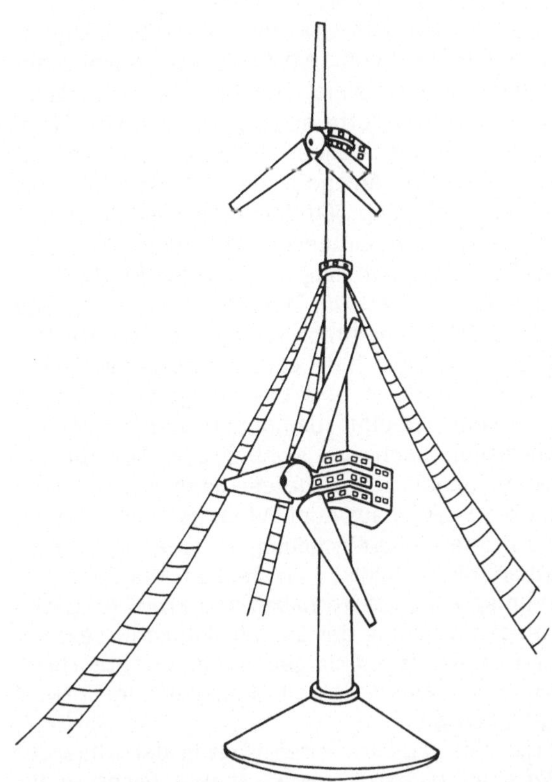

Abb. 16. Das Windkraftwerk am Ai-Petri (nach einer Zeichnung von N. Nikitin)

Raumfahrtproblemen befaßte, sah einen drehbaren Eisenbetonturm von 165 m Höhe vor, an dem sich in 65 und 158 m Höhe jeweils eine Kraftwerksgondel befand (Abb. 16). Die beiden dreiflügligen Rotoren hatten einen Durchmesser von jeweils 80 m. Der Riese vom Ai-Petri ist allerdings nie fertiggestellt worden, sein Fundament kann jedoch noch heute besichtigt werden.
Ähnlich erging es den Projekten des deutschen Ingenieurs H. Honnef. Angeregt durch die von ihm geschaffenen 400 m hohen Funktürme bei Königs Wusterhausen, plante er WEK mit Turmhöhen bis zu 600 m. An diesen Stahlgittertürmen sollten jeweils drei bis fünf riesige gegenläufige Rotorsysteme installiert werden, die durch einen gewaltigen Schwenkrahmen miteinander verbunden waren. Eine Realisierung dieser Giganten ist allerdings nie ernsthaft in Angriff genommen worden.

Einzig der im Jahre 1941 auf dem Grandpa's Knob (US-Bundesstaat Vermont) errichtete WEK von 1 MW Leistung bewies unter den Riesen zur Windenergienutzung, zumindest eine Zeitlang, seine Funktionsfähigkeit. Sein Turm hatte eine Höhe von 36 m, und der Durchmesser des zweiflügligen Rotors betrug 53 m. Bis zum 20. Februar 1943 war die Anlage insgesamt 695 h am Netz und lieferte in dieser Zeit knapp 300 000 kW · h Elektroenergie. Während weiterer 192 h wurde ein netzunabhängiger Versuchsbetrieb gefahren. Ein Fehler am Hauptwellenlager führte dann zur Stillegung bis Anfang März 1945. Doch schon wenige Tage nach der Wiederinbetriebnahme brach ein Teil des Rotorblattes ab und flog rund 300 m weit durch die Luft. Die Reste des Rotors kollidierten mit dem Gitterturm und beschädigten diesen so schwer, daß die Anlage daraufhin demontiert werden mußte. Das war gewissermaßen auch das symbolische Aus für die Windenergienutzung. Schon seit längerem hatte sich nämlich abgezeichnet, daß die Energie aus dem Wind, gemessen an anderen Verfahren zur Energiebereitstellung, zu teuer war. Nach und nach verebbten die Aktivitäten in Sachen Windenergie, wurde es still um entsprechende Vorhaben und Projekte. Lediglich in einigen Forschungslabors der Luftfahrtindustrie beschäftigte man sich noch am Rande mit einigen Fragen der Rotorblattgestaltung, da es hierbei gewisse Gemeinsamkeiten zum Entwurf von Flugzeugtragflächen gibt.
Erst die sog. Ölkrise der kapitalistischen Welt in der Mitte der 70er Jahre und der damit einhergehende rasche Preisanstieg für das Erdöl auf fast das 20fache brachte die Nutzung der Windenergie wieder ins Gespräch. Die Fragen der Wirtschaftlichkeit wurden nun unter völlig anderen Voraussetzungen neu durchdacht, zumal, ausgelöst durch die Preisentwicklung für das Erdöl, auch die Preise für alle anderen fossilen Energieträger angestiegen waren. Hinzu kam der inzwischen erreichte Stand der Technik, vor allem auf dem Gebiet der Material- und Werkstoffforschung. Dies alles führte zu einer neuen Blüte in der Windenergienutzung, die, von einigen dämpfenden Faktoren zu Anfang der 80er Jahre einmal abgesehen, noch immer anhält.

2.3. Windenergienutzung im Atomzeitalter

Zum Ende des Jahres 1987 waren weltweit etwa 16 000 WEK der unterschiedlichsten Bauart zur Erzeugung von Elektroenergie im Einsatz. Davon drehten sich mehr als neun Zehntel in den USA,

5 % von ihnen standen in Dänemark, und weitere 4 % verteilten sich auf eine Vielzahl von Staaten der Erde. Die Gesamtleistung all dieser Anlagen betrug rund 1 100 MW und lag damit etwa bei der eines einzigen modernen Kernkraftwerkes. Schon daraus wird ersichtlich, welch untergeordnete Rolle derzeit die Windenergienutzung in der Energieversorgung der Menschheit spielt. Nicht einbezogen in diese Werte sind allerdings jene WEK, die ausschließlich mechanische Energie für die unterschiedlichsten Zwecke bereitstellen. Für sie gibt es derzeit keine offizielle Statistik und auch keine verläßliche Schätzung des Leistungspotentials.

Als ebenfalls nicht unproblematisch erweist sich der Versuch einer Klassifizierung der breitgefächerten Palette von derzeit in Betrieb befindlichen WEK, zumal es hierfür in der Literatur eine ganze Anzahl unterschiedlicher Merkmale gibt. So lassen sie sich u. a. ordnen nach

- der Leistung
- der Stellung der Rotorachse
- der Anzahl der Rotorblätter
- der Art der Sturmsicherung
- der Position von Rotor und Generator zur Windströmung
- Schnell- und Langsamläufern

Nicht alle diese Klassifizierungsmöglichkeiten können hier behandelt werden, weshalb eine Beschränkung auf einige wesentliche erfolgen soll.

Von besonderer Bedeutung ist natürlich die Leistung eines WEK. Auf der ersten Konferenz der UNO zu den erneuerbaren Energiequellen (Nairobi, 1981) wurde auf der Grundlage dieses Merkmals die in Tab. 4 aufgeführte Einteilung vorgelegt. Sie findet noch heute weitgehende Anwendung.

Neben der Leistung ist auch die Konstruktion eines WEK von großem Interesse, besteht doch meist zwischen diesen beiden Faktoren ein direkter Zusammenhang. Wie schon in den vorstehenden Abschnitten mehrfach angedeutet, werden WEK entwe-

Tabelle 4. Einteilung der WEK nach der Höhe der Nennleistung (kW)

Kategorie	Nennleistung
klein	<10
mittel	10– 100
mittelgroß	100–1 000
groß	>1 000

der mit vertikaler oder mit horizontaler Rotorachse oder -nabe gebaut. Wenden wir uns zunächst dem letztgenannten Typ zu, der unter den derzeit betriebenen Anlagen ganz eindeutig dominiert.

Ein *WEK mit horizontaler Achse* besteht aus den Anlagenteilen

- Turm
- Rotorblätter
- Rotornabe
- Getriebe und Kupplung
- Generator
- Regelungsvorrichtungen,

wobei die Rotornabe, Getriebe und Kupplung sowie der Generator und ein Teil der Regelungsvorrichtungen meist in einer an der Spitze des Turmes befindlichen Gondel untergebracht sind (Abb. 17). Bei kleinen und mittleren Anlagen ist der Turm oft als

Abb. 17. Gondel des Windenergiekonverters WTS-3 in Maglarp (Schweden). Die Anlage ist seit mehr als 10000 h in Betrieb und verfügt über eine Nennleistung von 3 MW

Stahlgittermast ausgeführt, man findet allerdings auch hier schon häufig die sonst üblichen Stahl- bzw. Stahlbetontürme.

Von ausschlaggebender Bedeutung für die Leistungsfähigkeit eines WEK ist die Anzahl und die Gestaltung seiner Rotorblätter. Moderne Anlagen verfügen heute meist über bis zu drei schmal gehaltene Rotorblätter (Abb. 18), bei denen der Blattanstellwinkel über hydraulische Stellmotore gesteuert werden kann. Ihre Blattspitzen erreichen bei voller Leistung der Anlage Umlaufgeschwindigkeiten bis zu 150 m/s, das entspricht etwa der halben

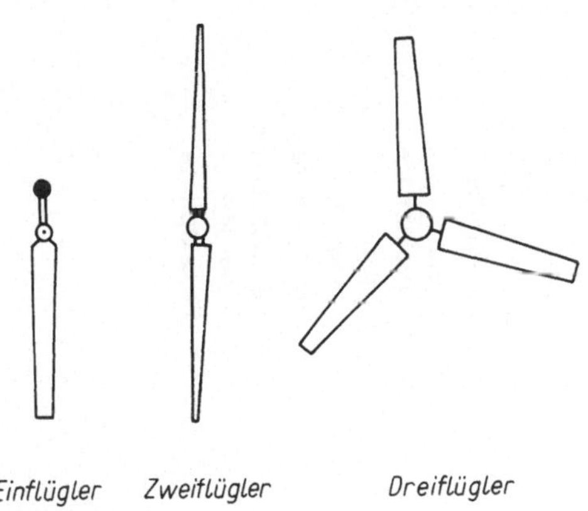

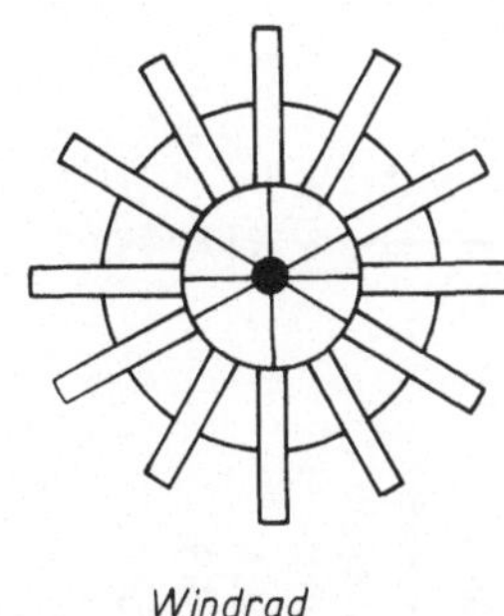

Abb. 18. Rotoren mit horizontaler Achse (eine Auswahl)

Schallgeschwindigkeit. WEK dieser Bauart zählen zum Typ der Schnelläufer, während beispielsweise die vielflügligen Windräder der 20er und 30er Jahre Langsamläufer waren. Allgemein durchgesetzt haben sich derzeit WEK mit drei Rotorblättern, da sie sowohl ein hohes Anlaufdrehmoment als auch einen hohen Wirkungsgrad, vor allem bei geringen Windgeschwindigkeiten, aufweisen. Neuere Anlagen erreichen einen Wirkungsgrad von etwa 45 %, wobei theoretisch maximal 59 % möglich wären (Betz-Grenze).

Glaubten die Experten noch vor einigen Jahren, daß die Zukunft der Windenergienutzung in großen Anlagen mit Leistungen von einem und mehr Megawatt zu suchen sei, so hat sich diese Vermutung bisher nicht in der Praxis bestätigt (Tab. 5). Bestes Bei-

Tabelle 5. WEK mit einer Nennleistung von >1 MW in Westeuropa (Stand Mitte 1987)

Land	Standort	Typ	Nenn-leistung (MW)	Nenn-geschwindig-keit (m/s)	Stand
BRD	Brunsbüttel	GROWIAN	3	12	stillgelegt
	Helgoland	WKA 60	1,2	12	in Bau
	Wilhelmshaven	Monopteros 50	1	12,9	in Probebetrieb
Dänemark	Esbjierg	ELSAM	2	15	in Probebetrieb
	Masnedo	Windane 40	1	15	in Probebetrieb
Großbritannien	Bugar Hill	LS 1	3	17	in Bau
	Richborough	Howdan	1	13	Projektphase
Italien	ENEL/ENEA	Gamma 60	1	8,5	in Bau
Niederlande	Medemblik	Newcs-45	1	13,9	in Betrieb
	...	Grohat	1 (3)	...	Projektphase
Schweden	Näsudden	Aelus	2	13	Versuchsbetrieb
	Maglarp	WTS-3	3	14	in Betrieb
Spanien	Cabo Villano	Awec 60	1,2	12	Projektphase

spiel dafür ist der WEK GROWIAN (**Gro**ße **Wi**ndenergie**an**lage), der 1983 in der Nähe von Brunsbüttel (BRD) in Betrieb genommen wurde. Sein im Baukastenprinzip aus zehn Einzelteilen errichteter Stahlturm weist eine Höhe von 96,9 m auf. An der Spitze desselben befindet sich die 22 m lange Gondel, in der in zwei Etagen der Generator und der Zentralsteuerraum untergebracht sind. Der Rotorblattdurchmesser des GROWIAN beträgt 100,4 m, wobei die beiden Rotorblätter an der Blattwurzel 4,90 m und an der Spitze 1,30 m breit sind. Die in ihn gesetzten Erwartungen hat dieser Riese mit seiner Nennleistung von 3 MW allerdings nicht erfüllt. Nachdem er insgesamt nur etwas mehr als 500 h in Betrieb war, mußte er wegen schwerwiegender Materialprobleme stillgelegt werden. Seine Demontage ist vorgesehen.

Ähnlich erging es diesen zweiflügligen Giganten auch in anderen Staaten – sie waren mehr in Reparatur als in Betrieb. Daher dominieren heute in der praktischen Nutzung vor allem dreiflüglige WEK mit einer Leistung zwischen 50 und 100 kW, wobei der Schwerpunkt der gegenwärtigen Windenergienutzung in den USA und hier besonders im Bundesstaat Kalifornien liegt (Abb. 19). Dort drehen sich allein am Altamont-Paß die Flügel von mehr als 5 500 WEK. In diesem Gebiet bläst in den Monaten Mai bis September ein stetiger Südwestwind vom Pazifik und bietet der Welt größter Ansammlung von WEK äußerst günstige Betriebsbedingungen. Die mikrorechnergesteuerten Anlagen be-

Abb. 19. Windenergiepark bei Livermoore (Kalifornien)

ginnen bei einer Windgeschwindigkeit von 20 km/h mit der Elektroenergieerzeugung, zwischen 48 und 80 km/h variieren die Prozessoren den Blattanstellwinkel so, daß eine maximale Leistung ermöglicht wird. Bei Windgeschwindigkeiten >80 km/h schaltet ein Zentralrechner die WEK ab, da sonst deren mechanische Beanspruchung zu groß werden würde.
Weitere Standorte für Windenergieparks – so nennt man die Aufstellung von mehreren WEK auf einem kleinen Territorium – sind in Kalifornien die Pässe Gorgonia und Tehachapi. Aber auch in den europäischen Küstenregionen finden sich derartige Parks, wenngleich in viel bescheideneren Dimensionen. Als Beispiel seien hier der Taendpibe- (Abb. 20) und der Ebeltoftpark in

Abb. 20. Teilansicht des dänischen Windenergieparks Taendpibe. Insgesamt gehören zu ihm 35 WEK mit jeweils 75 kW Nennleistung

Dänemark sowie der Windenergiepark West in der BRD genannt. Letzterer wurde im Jahre 1987 in unmittelbarer Nähe des stillgelegten GROWIAN eingeweiht. Er hat eine Fläche von 23 ha und umfaßt 30 WEK unterschiedlicher Bauart mit einer Gesamtleistung von 1 MW. Jährlich sollen in diesem Windenergiepark rund 2 Mill. kW·h Elektroenergie erzeugt werden, was zur Versorgung von 400 Haushalten ausreicht. Hinsichtlich des Flächenbedarfs von Windenergieparks gilt, daß die einzelnen WEK, um eine gegenseitige Windbeschattung zu vermeiden, etwa in einem Abstand voneinander errichtet werden sollen, der dem 5- bis 20fachen Rotordurchmesser entspricht.

Ein umfangreiches Programm zur Windenergienutzung wird u.a. auch in der UdSSR bestritten, wobei derzeit vor allem kleine und mittlere WEK mit Rotordurchmessern von 6, 12, 18 und 24 m erprobt werden. Sie sind, ebenso wie die bereits in Serie hergestellten Kleinanlagen vom Typ Zyklon, für den Einsatz in den verschiedensten Bereichen der Landwirtschaft vorgesehen. Aber auch in der Umgebung der sowjetischen Hauptstadt sollen nach den Plänen der Wissenschaftler und Techniker des Moskauer Instituts „Gidroprojekt" in absehbarer Zeit WEK zur Elektroenergieerzeugung eingesetzt werden. Das Institut befaßt sich derzeit auch mit Plänen für eine Großanlage im MW-Bereich, die Elektroenergie für die Wasserstofferzeugung liefern soll.

Über die Kosten der Elektroenergieerzeugung aus dem Wind liegen gegenwärtig nur wenige verläßliche und vor allem vergleichbare Angaben vor, so u.a. für den eben erwähnten Windenergiepark West, wo sie auf 0,27 DM/(kW·h) veranschlagt werden. Das entspricht in etwa den doppelten Elektroenergieerzeugungskosten in den Kernkraftwerken der BRD. Bereits 1981 hatten Experten der UNO im Vorfeld der Konferenz von Nairobi

Tabelle 6. Durchschnittliche Elektroenergieerzeugungskosten von WEK unterschiedlicher Größe ($/(kW·h))

Kategorie	Gegenwärtige Prototypen	Gegenwärtige Anlagen	Weiterentwickelte Anlagen
		bei Massenherstellung	
groß	0,08–0,10	0,05–0,06	0,035–0,045
mittelgroß	0,10–0,25	0,08–0,20	0,05 –0,10
mittel und klein	0,15–0,50	0,10–0,20	0,05 –0,10

Alle Angaben beziehen sich auf Orte mit einer mittleren Windgeschwindigkeit von 6,3 m/s. Es wurden 18 % fixe Kosten und eine 20jährige Amortisationszeit zugrunde gelegt. Kostenbasis: Dollarstand 1980.
Quelle: Erste UNO-Konferenz zu den erneuerbaren Energiequellen (Nairobi, 1981)

eine Kostenübersicht der Windenergienutzung veröffentlicht (Tab. 6), die ein ähnliches Niveau erkennen ließ. Da diese Angaben bisher nicht revidiert wurden und neuere nicht vorliegen, werden sie den entsprechenden Betrachtungen noch immer zugrunde gelegt. Allerdings schätzt man heute die Kostenangaben für die großen WEK mit einiger Skepsis ein.

Eine Sonderform der WEK mit horizontaler Achse stellen jene Versuchsanlagen dar, bei denen der Rotor mit einer geschlossenen Ummantelung versehen ist (Abb. 21). Bei Auswahl geeigneter Mantelprofile läßt sich auf diesem Wege mehr als das Doppelte an Leistung aus dem Wind entnehmen als mit den üblichen freifahrenden Rotoren. Allerdings erfordert ein solcher geschlossener Mantel, seine Länge sollte mindestens den doppelten Rotorblattdurchmesser betragen; beträchtlich höhere Materialkosten, ein stärkerer Turm sowie aufwendige Windrich-

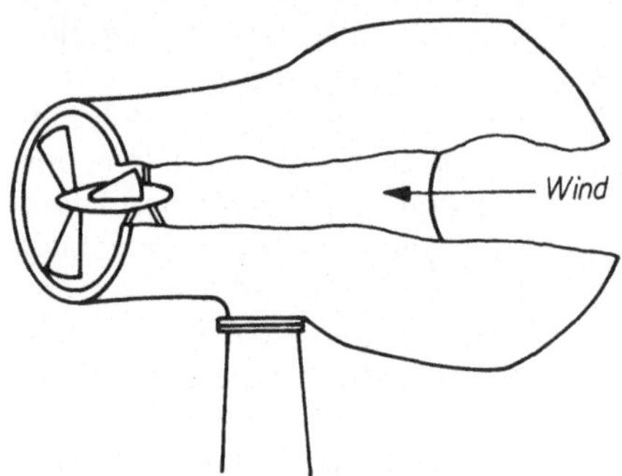

a) Geschlossene Ummantelung

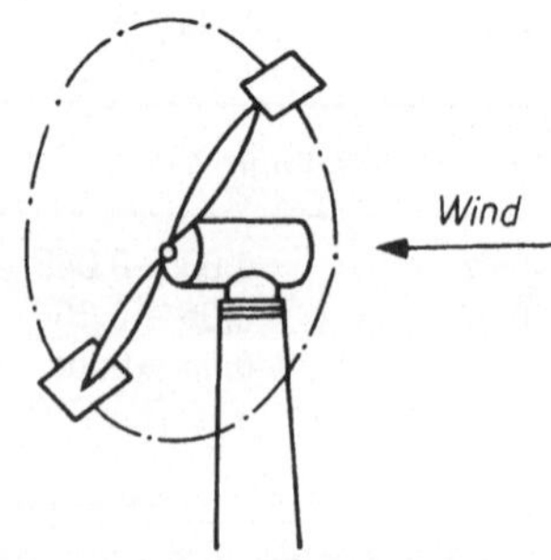

b) nicht geschlossene Ummantelung

Abb. 21. Möglichkeiten für ummantelte Rotoren von WEK

tungs-Steuereinrichtungen werden notwendig. Daraus folgt, daß WEK in dieser Bauart sehr teuer und damit unwirtschaftlich werden. Als Ausweg bietet sich die sog. nicht geschlossene Ummantelung an. Bei ihr sind die Rotorblätter am Ende mit kurzen Querflügeln versehen (s. Abb. 21), die bei den hohen Umlaufgeschwindigkeiten des Rotors den Effekt einer geschlossenen Ummantelung hervorrufen. Der theoretisch erzielbare Leistungsgewinn dieser Anlagen deckt sich in etwa mit dem von WEK mit geschlossener Ummantelung, ohne daß ein großer zusätzlicher Aufwand erforderlich wird. In der Praxis kann man derartige WEK gelegentlich sehen, generell durchgesetzt haben sie sich trotz ihrer unbestreitbaren Vorteile aber nicht.

Ähnliches gilt für die *WEK mit vertikaler Achse*, die derzeit ebenfalls in einigen Windenergieparks erprobt werden. Bei ihnen drehen sich die Rotoren direkt um den Turm, wobei manchmal ein Teil des Turmes als Rotorwelle dient. Getriebe, Kupplung und Generator sitzen am Turmfuß. Bekanntester Vertreter dieses Typs von WEK ist der *Darrieus-Rotor* (Abb. 22). Er zeichnet sich

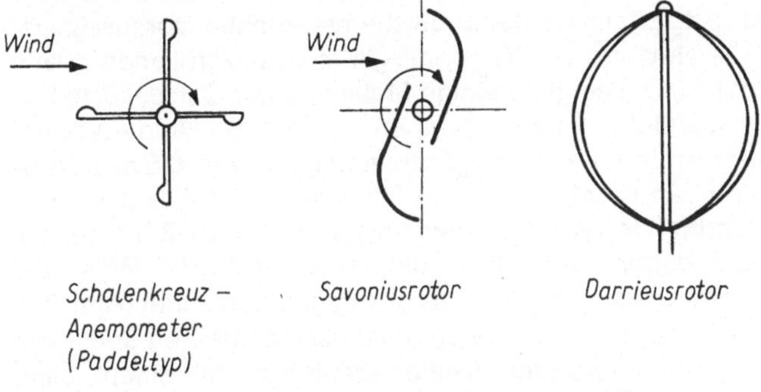

Abb. 22. Rotoren mit vertikaler Achse (eine Auswahl)

durch einen sehr einfachen bogenförmigen Rotorblattaufbau aus und kann unabhängig von der jeweiligen Windrichtung betrieben werden. Ein Drehen der Anlage in den Wind und damit komplizierte Windrichtungs-Steuerungseinrichtungen sind bei ihm nicht erforderlich. Der entscheidende Nachteil von Darrieus-Rotoren ist, daß sie nicht selbständig anlaufen können, sondern dafür einen Hilfsantrieb oder eine Startenergie benötigen. Weiterhin erfolgt eine Leistungsabgabe erst bei Windgeschwindigkeiten >5 m/s. Gegenwärtig werden am Altamont-Paß auch rund 150 WEK mit Darrieus-Rotor getestet. Sie haben eine Leistung von jeweils 50 kW. Versuchsarbeiten mit derartigen

WEK gibt es u. a. auch in den Niederlanden und in Dänemark. Generell kann aber festgestellt werden, daß WEK mit Darrieus-Rotoren trotz ihrer niedrigen Herstellungskosten die Anlagen mit horizontaler Achse auch in Zukunft kaum verdrängen werden. Kaum in der Praxis erprobt wird der *Savonius-Rotor*, bei dem zwischen zwei Endscheiben zwei bis drei schaufelförmige Platten angebracht sind, die in Achsmitte einen Spalt freilassen (s. Abb. 22). Das Drehmoment des Rotors kommt dadurch zustande, daß der Wind gegen die Schaufeln strömt, wobei sich auf der konkaven Seite ein Überdruck und auf der konvexen ein Unterdruck bildet. Es wirkt also das gleiche Prinzip wie bei dem bereits in Abschn. 2.1. erwähnten Schalenkreuz-Anemometer. Savonius-Rotoren waren früher sehr häufig als Be- und Entlüftungsvorrichtungen auf den Dächern von Eisenbahnwaggons oder Bauwagen zu beobachten, in der praktischen Nutzung der Windenergie haben sie aber wegen des für ihren Bau erforderlichen hohen Materialaufwandes keine Perspektive.

Welchen Stand und welche Bedeutung hat nun die Windenergienutzung in der DDR? Bei der Beantwortung dieser Frage muß zunächst festgestellt werden, daß die natürlichen Voraussetzungen für die Nutzung der Windenergie in unserem Lande relativ bescheiden sind. Lediglich einige Stellen an der Ostseeküste bieten dafür ausreichende Bedingungen, so die Insel Hiddensee mit einem Jahresmittel der Windgeschwindigkeit von 8,5 m/s. Ausgenommen den Brocken und den Fichtelberg, ist dies das höchste Jahresmittel der Windgeschwindigkeit in der DDR. Folgerichtig wurde daher auch hier der erste größere WEK zur Elektroenergieerzeugung in unserer Republik errichtet (Abb. 23). Er besteht aus einem 23 m hohen Stahlmast, an dessen Spitze die Generatorgondel und der dreiflüglige Rotor mit einem Blattdurchmesser von 10 m installiert sind. Die maximale Leistung des WEK beträgt 20 kW, aber bereits bei Windgeschwindigkeiten um 12 m/s werden 10 bis 15 kW erreicht. Nachfolger hat die „Strommühle" von Hiddensee bisher noch nicht gefunden.

Relativ verbreitet sind dagegen WEK zur Bereitstellung von mechanischer Energie für das Pumpen von Tränkwasser auf Viehweiden sowie zur Be- und Entwässerung der Felder. Immerhin sind in einer Weidesaison beinahe täglich rund 2000 Traktoren im Einsatz, um etwa 28 Mill. l Tränkwasser auf die Weiden zu transportieren. Sie verbrauchen dabei pro Tag fast 40000 l Dieselkraftstoff. Hier kann die Windenergie unter bestimmten Umständen einen erheblichen Beitrag zur Einsparung dieses hochwertigen Energieträgers leisten. Von mehreren Betrieben des

Abb. 23. Windenergiekonverter in Kloster auf Hiddensee

landtechnischen Anlagenbaus unserer Republik werden daher schon seit einiger Zeit entsprechende WEK in Serie hergestellt. Als Beispiel soll hier die Anlage WKA 3/8 Wt des VEB Landtechnische Anlagen (LTA) Schwerin genannt werden (Abb. 24). Bei

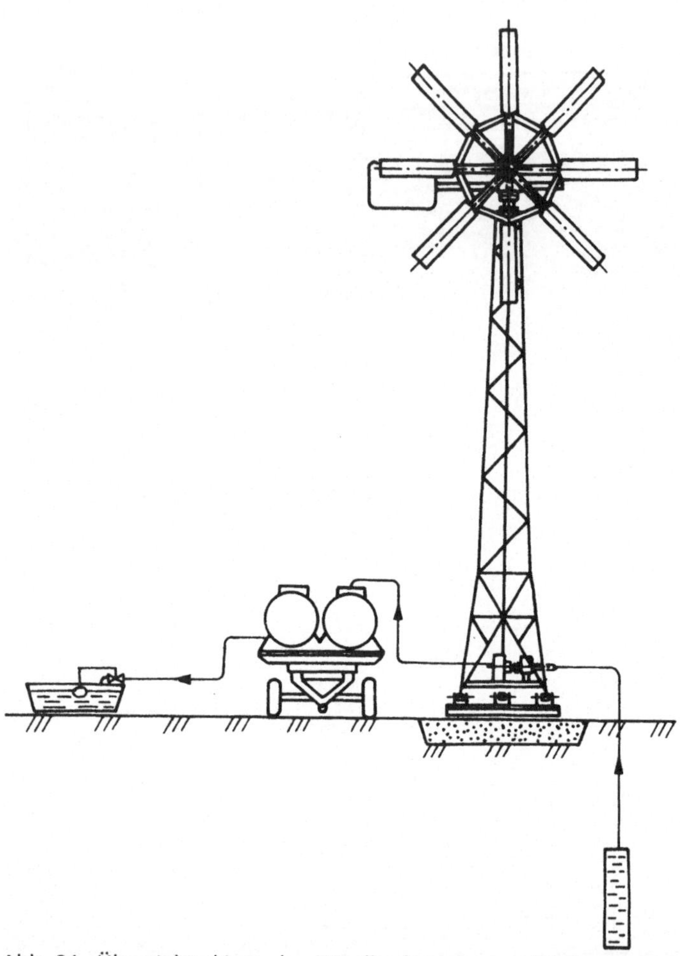

Abb. 24. Übersichtsskizze der Windkraftanlage zur Trinkwasserversorgung WKA 3/8 Wt

einer Höhe des Gittermastes bis zur Windradnabe von 6,2 m beträgt der Durchmesser des achtflügligen Windrades 3,5 m. Genutzt werden kann ein Bereich der Windgeschwindigkeiten von 2,5 bis 10 m/s, wobei die Förderleistung bei einer maximalen Saughöhe von 7 m zwischen 0,2 und 1,2 m^3/h liegt. Die gesamte Anlage ist transportabel ausgeführt und für die Tränkwasserversorgung von 150 bis 200 Tieren geeignet. Angeboten werden weiterhin die Anlage WiKa-4/18-Wkm mit einem Windraddurchmesser von 4 m und 18 Flügeln (VEB LTA Cottbus) sowie

WKA 5/16 Ws mit einem Windraddurchmesser von 5 m und 16 Flügeln. Der VEB LTA Leipzig fertigt einen dreiflügligen WEK mit einem Rotorblattdurchmesser von 3,6 m, der für eine Weidetränkanlage für 300 Rinder vorgesehen ist. Generell kann gesagt werden, daß der Einsatz von WEK für die Tränkwasserversorgung die unter den konkreten Bedingungen der DDR günstigste und wirtschaftlich optimale Nutzungsmöglichkeit der Windenergie darstellt.

Abschließend noch ein Wort zu den Umweltauswirkungen, die durch den Betrieb insbesondere von großen WEK und Windenergieparks hervorgerufen werden können. Hierzu gibt es sehr widersprüchliche Meinungen. Die Verfechter der Windenergienutzung behaupten auf der einen Seite, daß dies eine sehr saubere Sache sei und zu keinerlei Beeinträchtigungen der natürlichen Umwelt führen könne. Andererseits gibt es aber eine relativ lange Liste möglicher Umweltbelastungen durch die Nutzung der Windenergie. So wird ins Feld geführt, daß WEK einen erheblichen Flächenbedarf in meist landschaftlich sehr reizvollen Gebieten (Küstennähe) erfordern und gerade dort ihre hohen Türme das Landschaftsbild bis zu einem gewissen Grad stören. Weiter wird festgestellt und durch entsprechende Messungen untermauert, daß WEK während des Betriebes einen teilweise recht erheblichen Lärm verursachen. In den USA mußten aus diesem Grunde bereits Anlagen abgeschaltet werden. Von einigen Wissenschaftlern wird behauptet, daß WEK Infraschall abgeben, und nicht zuletzt wird befürchtet, daß durch die Reflexion am laufenden Rotor – er wirkt bei den hohen Umlaufgeschwindigkeiten ja wie eine Scheibe – der Funkverkehr sowie der Rundfunk- und Fernsehempfang in den betreffenden Gebieten beeinträchtigt werden könnte. Sicherlich hängt es von den konkreten Betriebsbedingungen der WEK (Anzahl, Größe, Entfernung des Standortes von Ansiedlungen u. a. m.) ab, wie diese angeblichen Störfaktoren zu bewerten sind. Allgemeingültige Aussagen konnten darüber bisher noch nicht getroffen werden, zumal entsprechende Untersuchungen in den Versuchs- und Testanlagen noch laufen.

Soweit eine kurze Darstellung des gegenwärtigen Standes der Windenergienutzung. Bliebe noch die Frage nach ihren Zukunftsaussichten zu klären. Zunächst ist ganz allgemein zu sagen, daß die Technologie der Energiegewinnung aus dem Wind bereits so weit entwickelt ist, daß grundlegend neue Umwandlungsprinzipien nicht mehr zu erwarten sind. Die Frage nach der künftigen Bedeutung der Windenergienutzung ist daher vor allem eine Frage nach dem Einsatz der gegenwärtig vorhandenen Technologien und Anlagenkonzeptionen sowie deren Vervollkommnung. Beides wird aber in ganz erheblichem Maße von den bereits erwähnten wirtschaftlichen Bedingungen und den in den jeweiligen Ländern anzutreffenden natürlichen Voraussetzungen bestimmt. Weiterhin ist in die Betrachtung einzubeziehen, daß selbst in Gebieten mit einem hohen Jahresmittel der Windgeschwindigkeit das konkrete Windenergieangebot stets diskontinuierlich ist, d. h., eine stabile Energieversorgung, wie sie vor allem in den Industriestaaten unerläßlich ist, kann auf der Grundlage einer solchen Quelle kaum oder nur mit erheblichem technischem Aufwand gesichert werden. All das führt zu dem Schluß, daß der Windenergienutzung von den Experten auch weiterhin nur eine untergeordnete Rolle zugemessen wird. Das schließt allerdings nicht aus, daß sie in bestimmten Territorien und für spezielle Einsatzfälle eine gewisse Bedeutung erlangen kann.

2.4. Elektroenergie aus dem Blechkamin

Gewissermaßen ein Windkraftwerk mit direktem Sonnenenergieantrieb ist das atmosphärenthermische Aufwindkraftwerk, von dem es derzeit nur eine einzige Versuchsanlage auf der Welt gibt. Sie steht in der Mancha-Hochebene in der Nähe von Manzanares (Spanien) und nutzt für ihren Betrieb die Kombination dreier bekannter Techniken aus – den Treibhauseffekt, die Kaminwirkung und das Windrad. Charakteristisch für dieses eigenartige Kraftwerk ist der 200 m hohe Blechkamin, der einen Innendurchmesser von 10,2 m aufweist. Zu seinen Füßen erstreckt sich ein rundes, etwa 50 000 m^2 großes Foliendach, dessen lichte Höhe direkt am Kamin 8 m beträgt und zum offenen Rand hin bis auf 2 m abfällt (Abb. 25). Rund 90 % der sichtbaren kurzwelligen Sonnenstrahlung werden von der witterungs- und UV-beständigen Spezialfolie durchgelassen und vom Erdboden absorbiert. Der so erhitzte Boden strahlt einen Teil dieser Energie mit größerer Wellenlänge wieder ab, aber diese Wärmestrahlung kann die Folie nicht passieren. Durch den so entstehenden Treibhauseffekt wird die unter ihr befindliche Luftmenge um etwa 20 K erwärmt. In ihrem Bestreben, nach oben zu steigen, bewegt sich die erwärmte Luft in Richtung der unteren Öffnung des Blechkamins und strömt in diesen hinein. Der dabei entstehende Aufwind, in etwa vergleichbar mit der natürlichen

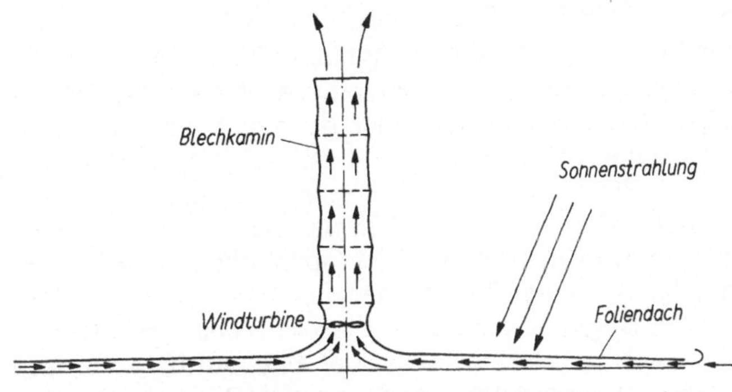

Abb. 25. Funktionsschema eines Aufwindkraftwerkes (nach Haaf, Mayr und Schlaich – vereinfacht)

Thermik, nur eben auf engstem Raum, treibt die in der Fußzone des Kamins horizontal eingebaute Windturbine. Sie hat einen Flügeldurchmesser von 10 m und ist mit einem Generator gekoppelt. Da das Foliendach nach den Seiten hin offen ist, strömt, bedingt durch den Sog der Kaminwirkung der hohen Blechröhre, ständig Luft von außen nach, wird erwärmt und gelangt in den Kamin. Auf diese Weise entstehen Strömungsgeschwindigkeiten, die beim Anfahren der Anlage zunächst nur etwa 2 m/s betragen, sich aber rasch beträchtlich erhöhen. Seine maximale Leistung von 100 kW erreicht das Aufwindkraftwerk bei 11 m/s; überschreitet die Geschwindigkeit des Aufwindes den Wert von 20 m/s, muß es abgeschaltet werden. Mittels Drossel- und Leiteinrichtungen kann der Luftstrom im Kamin zu diesem Zweck geregelt bzw. ganz abgesperrt werden.

Entscheidender Nachteil eines Aufwindkraftwerkes ist, daß es nur arbeitet, solange die Sonnenstrahlung die Luft unter dem Foliendach genügend hoch erwärmt und damit eine ausreichend hohe Strömungsgeschwindigkeit erzeugt. Weiterhin ist sein Umwandlungswirkungsgrad, auch bei intensivster Sonnenstrahlung, kaum höher als 1 %. Daher ist die Prototypanlage von Manzanares lediglich als ein interessanter Versuch zu werten, die technische Durchführbarkeit eines solchen Kraftwerkes zu beweisen.

2.5. Zwitter auf See

Auch bei der ältesten Form der Windenergienutzung durch den Menschen, der Segelschiffahrt, zeichnet sich, wenn auch in sehr bescheidenem Umfang, gegenwärtig eine Wiederbelebung ab. Allerdings haben die Segler unserer Tage kaum noch etwas gemein mit ihren Vorgängern aus früheren Zeiten. An die Stelle der geblähten Leinwand, die einst von geschickten Matrosen in waghalsigen Manövern gesetzt oder geborgen werden mußte, warten die Segelschiffe der Neuzeit mit computergesteuerten Metall- oder Plastsegeln als Ergänzung zum herkömmlichen Schiffsantrieb auf. Bekanntestes Beispiel dafür ist der Massengutfrachter „Aqua City". Der von der japanischen Firma Nippon Kokan auf der Werft von Tsurumi gebaute 31 000-Tonner verfügt neben einer langsam laufenden Dieselantriebsmaschine von 6 105 kW (8 300 PS) Leistung noch über zwei auf dem Vordeck angebrachte computergesteuerte Stahlsegel. Diese weisen eine Höhe von 16 m und eine Breite von 11 m auf und reagieren automatisch auf Änderungen der Windrichtung. Schon bei einem Seitenwind von 20 m/s Geschwindigkeit reduziert sich bei gleichbleibender Dienstgeschwindigkeit des Schiffes von 14 Knoten der Treibstoffverbrauch um rund 30 %. Ähnliche Vorhaben gibt es u. a. in Australien, Indonesien, Frankreich und den USA. Die hohe Zeit der Segelschiffahrt wird allerdings auch mit diesen modernen Vertretern ihrer Art nicht zurückkehren.

3. Energie aus dem Meer

Schon seit undenklichen Zeiten beeindruckt den Menschen die gewaltige Kraft des Meeres. Vor allem immer dann, wenn sich ihm dessen zerstörerische Seite offenbarte. Die alles hinwegfegende Macht der Brandung oder die küstenverändernde Gewalt der Gezeiten ließen ihn aber auch darüber nachdenken, wie er dieses riesige Energiepotential für seine Zwecke nutzen könnte. Dessen exakte Bestimmung ist äußerst schwierig, so daß bisher nur grobe Schätzungen dafür vorliegen (Tab. 7). Dennoch sind auch diese Werte beeindruckend, wenn man als Vergleich zugrunde legt, daß die Elektroenergieerzeugung der Erde im Jahre 1984 bei $9{,}267 \cdot 10^3$ TW · h lag.
Aus Tab. 7 sind auch die wichtigsten erneuerbaren Energiequellen zu entnehmen, die ihren Ursprung in den Weltmeeren ha-

Tabelle 7. Geschätztes theoretisches Energiepotential der Weltmeere nach ausgewählten Energiequellen (TW·h/a)

Erneuerbare Energiequelle	Energiepotential
Wellenenergie	$8 \cdot 10^6$
Strömungsenergie	$26 \cdot 10^3$
Gezeitenenergie, Meereswärme	$3 \cdot 10^3$

ben. Auf sie und auf die Verfahren zu ihrer möglichen energetischen Nutzung soll in den folgenden Abschnitten etwas näher eingegangen werden.

3.1. Nutzbares Auf und Ab

Ursache für die wellenförmige Bewegung der Meeresoberfläche, d.h. für die Entstehung der Meereswellen, ist in erster Linie der Wind. In gewissem Umfang wirken daneben auch noch Luftdruckveränderungen über den Ozeanen sowie die gezeitenerzeugenden Kräfte. Mit letzteren wird sich der Abschn. 3.2. etwas näher befassen.

Obwohl die bei der Herausbildung der Meereswellen ablaufenden Vorgänge noch nicht bis in alle Einzelheiten erforscht worden sind, gilt es als erwiesen, daß der Wind die Flüssigkeitsteilchen an der Wasseroberfläche in eine kreisförmige Bewegung, die sog. Orbitalbewegung, versetzt. Durch den Anstoß eines Teilchens an ein anderes wird diese Bewegung in Windrichtung übertragen, wobei das jeweils anstoßende Teilchen an seinem Platz, d. h. innerhalb seiner Kreisbahn, verbleibt. Die Teilchen schwingen also senkrecht zur Fortpflanzungsrichtung der Welle. Man bezeichnet diese daher auch als Transversalwelle.

Unter dem anhaltenden Einfluß des Windes baut sich nach und nach eine sog. Windsee auf. Wie schon der Name sagt, stehen bei ihr die Wellen unter dem ständigen Einfluß des Windes. Ihre Eigenschaften hängen daher im wesentlichen von der Höhe der Energiemenge ab, die der Wind auf die obersten Wasserschichten überträgt. Diese Energiezufuhr wiederum wird bestimmt von der Windgeschwindigkeit, der Dauer der Windeinwirkung und der Wellenlauflänge. Die Dauer einer Wellenperiode, d. h. die Zeit von Wellenberg zu Wellenberg, beträgt in der Windsee i. allg. zwischen 1 und 12 s. Bei Dünung, wenn der Wind nicht mehr direkt auf die Wellen wirkt, steigt der Wert auf 30 s an.

Welcher Energieinhalt steckt nun in einer Meereswelle? In Beantwortung dieser Frage gilt es zunächst erst einmal festzuhalten, daß eine Welle stets Energie in Form der

- kinetischen Energie, als horizontale Wellenbewegung und als Orbitalbewegung der Wasserteilchen, sowie der
- potentiellen Energie, als Druckunterschied zwischen Wellenberg und Wellental,

enthält.

Umfangreiche Messungen und Modelluntersuchungen haben weiterhin gezeigt, daß das Energiepotential einer Welle von der Wellenhöhe H, der Wellenbreite b und der Wellenperiode T beeinflußt wird. Alle diese Parameter sind ihrerseits in starkem Maße von den jeweiligen meteorologischen und geographischen Verhältnissen abhängig. Die meteorologischen Bedingungen wiederum unterliegen beträchtlichen regionalen und zeitlichen Schwankungen. Daher kann eine Abschätzung des Energiepotentials einer Welle und auch desjenigen der Wellenenergie insgesamt nur in sehr groben Grenzen, auf der Basis vorhandener langjähriger Mittelwerte, erfolgen. In der Fachliteratur wird dafür häufig die Formel

$$P = \frac{\varrho g^2}{32\pi} H^2 T b$$

angegeben, wobei neben den bereits erwähnten Daten noch die Dichte ϱ des Wassers und die Erdbeschleunigung g herangezogen werden. Für viele Meeresgebiete liegen allerdings die für eine Berechnung nach obiger Formel erforderlichen Werte nicht oder nur teilweise vor. In diesen Fällen ist man auf überschlägige Schätzungen angewiesen, die dann häufig einer späteren Überprüfung kaum standhalten. Unter diesem Gesichtspunkt muß daher auch der in Tab. 7 enthaltene Wert des geschätzten Energiepotentials der Meereswellen mit gewisser Skepsis gesehen werden.

Die konkrete spezifische Leistung einer Meereswelle schwankt dabei ganz beträchtlich. So haben Untersuchungen vor der Nordwestküste Schottlands, in einem Gebiet mit 42 m Wassertiefe, ergeben, daß bei besonders stürmischer See zwar Spitzenwerte bis zu 1 000 kW/m Wellenfront auftreten können, daß aber die im Mittel zu erwartende spezifische Leistung nicht über 48 kW/m Wellenfront liegt. Eine mittlere Nordseewelle vor der Küste der BRD bringt es auf nur 14 kW/m, und für die Ostsee liegen die Werte noch deutlich darunter. Diese Angaben gelten

aber nur, wenn tatsächlich Wellengang herrscht. Wie schon erwähnt, ist dieser fast ausschließlich vom Wind und von dessen Stärke abhängig. Bleibt er aus, sind auch keine nutzbaren Wellen vorhanden. Aus diesem Grunde werden als Erfahrungswerte für das Jahresmittel des realen Energieangebotes aus der Wellenenergie etwa 40 % der oben genannten Werte angenommen. Für die schottische Küste wäre dies dann nur noch 19 kW/m Wellenfront. Setzt man nun noch den zu erwartenden Wirkungsgrad der Wellenenergiewandler – er wird unabhängig von der konkret eingesetzten Technologie auf rund 60 % veranschlagt – in Rechnung, so ergibt sich für unser gewähltes Beispiel eine elektrische Leistung von knapp 12 kW/m Wellenfront. Wollte man also die Leistung eines einzigen Kernkraftwerkes von 1 300 MW durch Anlagen zur Nutzung der Wellenenergie ersetzen, so müßte dazu eine mehr als 100 km lange ununterbrochene Kette von Wellenenergiewandlern vor der Küste installiert werden. Für den Fall der Nordseewelle wäre die tatsächlich mögliche Energieausbeute entsprechend geringer, so daß davon ausgegangen wird, daß die Wellenenergie in den Primärenergiebilanzen der Anliegerländer nur eine sehr untergeordnete Rolle spielen wird. Wahrscheinlich werden nur kleine Anlagen zur Versorgung von Leuchtbojen o. ä. zum Einsatz kommen.
Dennoch hat wohl keine andere erneuerbare Energiequelle die Phantasie von Technikern, Erfindern und Bastlern so angeregt wie die Wellenenergie. Allein in Großbritannien wurden zwischen 1856 und 1973 schätzungsweise 350 Patente erteilt, die sich mit Verfahren zur Nutzung der Wellenenergie befassen. Ähnliches trifft auch auf andere Länder zu, und vor allem in den 70er Jahren schossen Vorschläge und Patente zur Nutzung der Wellenenergie insbesondere in den westlichen Ländern wie Pilze aus der Erde. Heute kann die Vielzahl der dabei konzipierten hydraulischen, pneumatischen oder mechanischen Systeme bzw. deren Kombination kaum noch überblickt werden. Um dennoch eine gewisse Übersicht zu ermöglichen, werden die Verfahren zur Nutzung der Wellenenergie i. allg. geordnet nach

- der Art der genutzten Energie: potentielle oder kinetische
- der Lage der Umwandlungsanlagen zur Wellenfront; dabei wird zwischen sog. Terminatoren (von engl. terminate ≙ etwas räumlich begrenzen) – die Anordnung der Wellenenergiewandler erfolgt parallel zur Wellenfront –, den Attenuatoren (von engl. attenuate ≙ schlank, dünn) – hier liegen die Energiewandler quer zur Wellenfront – und den Punktabsorbern unterschieden (Abb. 26);

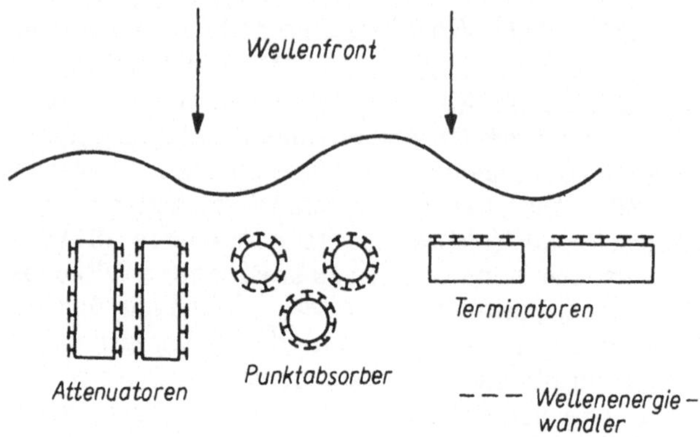

Abb. 26. Mögliche Anordnung von Wellenenergieumwandlungsanlagen zur Wellenfront

– der Vertikalposition des Umwandlungssystems, die entweder schwimmend, halb getaucht oder ganz getaucht sein kann.

Wie gering die Anzahl derjenigen Verfahren ist, die einer ernsthaften Prüfung unter technischen und ökonomischen Gesichtspunkten auch wirklich standhalten, zeigt das Beispiel einer im Auftrag des britischen Energieministeriums erstellten Studie über die Nutzungsmöglichkeiten der Wellenenergie in Großbritannien. Zwischen 1974 und 1983 wurden im Rahmen dieser Aufgabe mehr als 300 verschiedenartige Ideen zur Umwandlung der Energie der Meereswellen in nutzbare Energieformen ausgewertet. Lediglich neun davon kamen in die engere Wahl für eventuelle künftige Vorhaben. Einige davon sollen nachstehend kurz vorgestellt werden. Es handelt sich dabei meist um solche Wellenenergiewandler, die auch in den Projekten anderer Länder zu finden sind.

Das *Cockerell-Floß*, benannt nach seinem Schöpfer, dem Erfinder des Luftkissenfahrzeuges, Sir Christopher Cockerell, besteht aus gelenkig gekoppelten, pontonähnlichen Schwimmkörpern und nutzt die kinetische Energie der Meereswellen. Dazu sind zwischen jeweils zwei dieser miteinander verbundenen Körper, gewissermaßen die Gelenkverbindung überbrückend, Kolbenpumpen angeordnet, mit denen ein Arbeitsmedium – Wasser oder Luft – verdichtet wird (Abb. 27). Dieses treibt dann einen Turbinengenerator zur Erzeugung von Elektroenergie an. Anlagen dieses Typs sind bisher nur in der Entwurfsphase bzw. als Minimodell bekannt geworden. Sie sollen nach den Vorstellungen Sir Cockerells in großer Anzahl nebeneinander vor der Küste verankert werden.

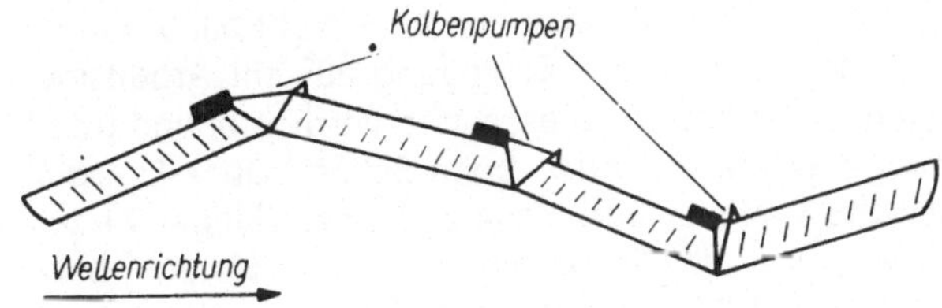

Abb. 27. Cockerell-Floß mit vier Schwimmkörpern

Auch vom *Salter-Wellenenergiewandler*, benannt nach dem Physiker S.H. Salter von der University of Edinburgh, gibt es derzeit noch keine einsatzfähige Anlage. Entsprechend des Entwurfs sollen zahlreiche um eine horizontale Achse drehbar gelagerte, schwimmfähige Körper von Schaufelform nebeneinander aufgereiht werden. Das gesamte System wird mittels Trägerstrukturen so auf dem Meeresboden verankert, daß die Schaufeln im halbgetauchten Zustand arbeiten (Abb. 28). Sie werden

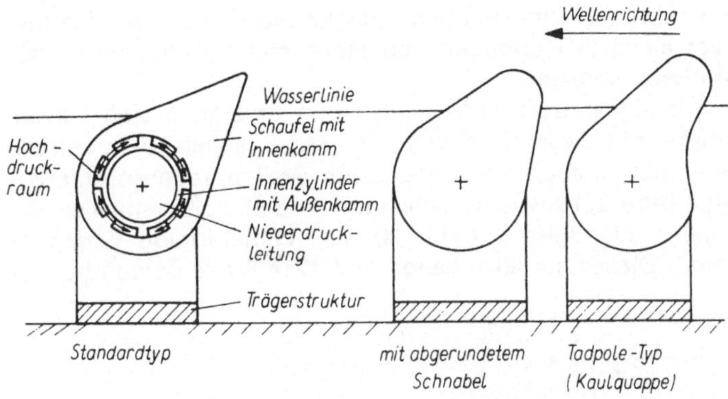

Abb. 28. Mögliche Typen des Salter's-Duck-Wellenenergiewandlers

von den anlaufenden Wellen in deren Fortpflanzungsrichtung bewegt, wobei sie sich aufrichten. Ist die Welle unter ihnen hindurchgelaufen, kehren sie in ihre Ausgangsposition zurück. Die Schaufeln führen also im Rhythmus der Wellenperiode eine ständige Nickbewegung aus und werden daher allgemein auch als *Salter's-Duck-Wellenenergiewandler* (von engl. duck ≙ neigen oder ducken, aber auch Ente) bezeichnet. Über die in ihrem Inneren paraxial angeordneten gratartigen Erhebungen, die sich abwechselnd auf der Außenfläche eines Zylinders und auf der Innenfläche eines diesen Zylinder umhüllenden Hohlkörpers befinden, auf deren Funktionsweise hier aber nicht näher eingegangen werden soll, wird diese Bewegung auf ein Arbeitsmedium übertragen (vgl. Abb. 28). Dieses wird verdichtet und treibt einen Turbinengenerator an. Auch beim Salter's-Duck-Energiewandler sehen die Projekte den Einsatz kilometerlanger Ketten vor, wobei die einzelnen Schaufeln immerhin Längen bzw. Durchmesser von rund 90 m erreichen sollen.

Bereits mehrfach mit Erfolg in der Praxis getestet wurden Wellenenergiewandler nach dem Prinzip der schwingenden Wassersäule, meist kurz als *OWC-(Oscillating-Water-Column)-Anlagen* bezeichnet. Wellenenergiewandler dieses Typs bestehen aus einer nach unten offenen Kammer, in die die Meereswellen eindringen können. Mit steigendem Wasser, also durch den Wellenberg, wird die in der Kammer befindliche Luft zusammengepreßt. Bei fallendem Wasser, d. h. im Wellental, entsteht eine Sogwirkung. Beide Luftströmungen werden zur Elektroenergieerzeugung mit Hilfe einer Wells-Turbine ausgenutzt. Bei dieser ist die Rotationsrichtung unabhängig von der Richtung des Luftstroms (Abb. 29). Umwandlungsanlagen dieses Typs wurden bisher vor allem in Norwegen und Japan mit zufriedenstellenden Ergebnissen getestet.

Neben landgestützten OWC-Anlagen – es eignen sich hierfür Standorte mit besonders steil ins Meer abfallenden Felsenufern – gibt es auch Konzepte, sie in Wellenbrechern unterzubringen (Abb. 29) sowie als schwimmende Einheiten im Meer zu verankern. Ein Beispiel dafür ist die schiffsförmige *Großboje „Kaimei"*. Dieses mit 80 m Länge und 12 m Breite derzeit bedeu-

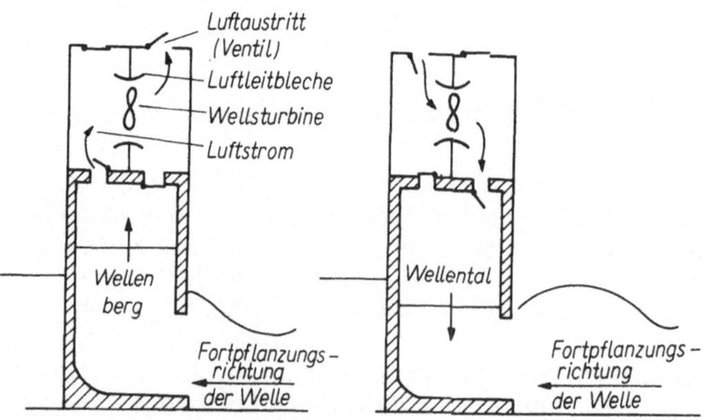

Abb. 29. Vereinfachtes Verfahrensschema einer OWC-Anlage (installiert in einem Wellenbrecher)

tendste schwimmende Demonstrationsobjekt für das OWC-Verfahren wird von Japan betrieben und kann zur gleichen Zeit 11 Turbinensätze mit je 2 Luftkammern aufnehmen. Im Jahre 1987 lag die „Kaimei" vor der Küste von Honshu und arbeitete mit 5 Turbinen, von denen 4 mit einem Generator gekoppelt waren. Die Zahl der Luftkammern lag bei 13. Während der Versuche wurde festgestellt, daß die „Kaimei" in dieser Version bei Wellenhöhen zwischen 1 und 3 m sowie Wellenperioden zwischen 6 und 9 s eine elektrische Leistung von etwa 30 kW erreicht. Die Leistungsabführung erfolgte mittels Unterseekabel in ein an Land vorhandenes Fortleitungsnetz.

Seit 1985 arbeitet an der Westküste der norwegischen Insel Toftestallen – sie liegt vor Bergen – das *Kvaerner-OWC-Kraftwerk* mit einer Leistung von 500 kW. Für seinen Bau wurde ein Standort ausgewählt, an dem der Fels bis zu 60 m unter Wasser steil abfällt. Oberhalb und unterhalb des Wasserspiegels wurde der Fels teilweise weggesprengt und in die so entstandene Höhlung die Luftkammer mit einem Querschnitt von 50 m^2 einbetoniert (Abb. 30). Zwischen 3,5 und 7 m unter der normalen Seehöhe liegt die Öffnung, durch die das Wasser in die Luftkammer eindringen kann. Der Oszillationsspielraum der Wellen in der Kammer, d. h. die Differenz des Wasserstandes zwischen Wellenberg und Wellental, beträgt rund 3,5 m. Der Betonkörper der Luftkammer ist durch einen geschlossenen Stahlzylinder verlängert worden. In seiner Spitze wurde die mit einem Generator gekoppelte Wells-Turbine installiert. Zur Erhöhung der Energieausbeute sind dem OWC-Kraftwerk von Toftestallen noch 2 Molen vorgelagert. Sie führen zu einer Verstärkung des Wellengangs durch Resonanz. Nach Angaben des Betreibers soll das Kvaerner-OWC-Kraftwerk jährlich etwa 1,9 GW · h Elektroenergie in das Netz einspeisen.

In der Nähe, ebenfalls unmittelbar am Meeresufer, wurde etwa zur gleichen Zeit die erste Versuchsanlage der Welt zur *Nutzung der Brandungsenergie* in Betrieb genommen. Sie besteht im wesentlichen aus einem Zulaufkanal, einer Rampe und einem etwa 5 500 m^2 großen Speicherbecken. Der trichterförmige Zulaufkanal wird von zwei sich verjüngenden Molen gebildet. Er ist 90 m lang und an seiner Öffnung zum Meer 60 m breit und dient der „Bündelung" der anlaufenden Brandungswellen. Zugleich stand der Kanal auch Pate für den Namen der Versuchsanlage *„Tapchan"* (von engl. tappered channel ≙ angezapfter Kanal). An seinem spitzen Ende schließt sich eine von 3 m hohen Mauern umgebene keilförmige Rampe an, die an ihrem

Abb. 30. Das OWC-Kraftwerk von Toftestallen

unteren Ende etwa 3 m, am oberen aber nur noch 0,2 m breit ist. Durch diese zunehmende Verengung werden die Brandungswellen bzw. deren Wassermassen noch weiter konzentriert, so daß sie schließlich die Umfassungsmauern überspülen und in das dahinterliegende Speicherbecken strömen. Dieses befindet sich etwa 3 m über dem Meeresspiegel und ist in den Felsen hineingebaut. Ist das Becken gefüllt, wird die potentielle Energie des in ihm gespeicherten Meereswassers wie in einem herkömmlichen Wasserkraftwerk (vgl. Kap. 6) in Elektroenergie umgewandelt, wobei die Wassermenge des gefüllten Beckens für etwa einen einstündigen Betrieb ausreicht. Das „Tapchan"-Kraftwerk hat eine Leistung von 350 kW und soll nach Meinung seiner Betreiber rund 2 GW · h/a Elektroenergie in das Netz einspeisen.

Neben den hier genannten großen Anlagen zur Nutzung der Wellenenergie, die bis zu einem gewissen Grade die Bezeichnung Kraftwerk zu Recht führen, sind derzeit hunderte kleiner und kleinster Meereswellenenergiewandler der unterschiedlichsten Typen in den Küstengewässern zahlreicher Länder im Einsatz. Ihre Leistung liegt im Bereich von wenigen Kilowatt; meist versorgen sie Signal- und Meßbojen mit Elektroenergie.
Über die Wirtschaftlichkeit von Anlagen zur Nutzung der Wellenenergie liegen nur wenige Angaben vor, wobei sich die gerade erwähnten kleinen Punktabsorber-Anlagen ohnehin nicht für einen Vergleich der Investitions- und Betriebskosten eignen. Zu unterschiedlich sind die angewendeten Umwandlungsverfahren und die jeweiligen Einsatzzwecke. In den Projekten für große Anlagen zur Umwandlung der Wellenenergie in Elektroenergie werden Kosten genannt, die ein Vielfaches derjenigen moderner Kernkraftwerke betragen. Dieser Fakt sowie das bereits weiter vorn aufgezeigte doch relativ geringe Potential und die Tatsache, daß wesentliche technische Probleme – sie betreffen vor allem die Verankerung und die Festigkeit der für die Umwandlung entworfenen riesigen Anlagenkomponenten – noch ungelöst sind, lassen den Schluß zu, daß Meereswellenkraftwerke auch in Zukunft kaum zum großtechnischen Einsatz gelangen werden. Dies besagt allerdings keinesfalls, daß die bereits mehrfach erwähnten kleinen Anlagen für spezielle Einsatzfälle nicht noch an Zahl zunehmen werden.

3.2. Energie aus den Gezeiten

Eine weitere Möglichkeit der Energiegewinnung aus dem Meer ist die Nutzung der Gezeiten, genauer gesagt, der als Tidenhub bezeichneten Differenz des Wasserstandes zwischen Ebbe und Flut. Diese beträgt auf dem freien Ozean nur knapp 1 m. Zur Entstehung der Gezeiten sei hier lediglich vermerkt, daß sie durch die Anziehungskräfte des Mondes und der Sonne ausgelöst werden. Die Frequenz der Gezeitenwelle, d. h. die Zeitdauer von Flut zu Flut, liegt bei 12,4 h, weshalb man auch vom halbtäglichen Gezeitenrhythmus spricht. Kommt die Gezeitenwelle in Küstennähe, wird sie aufgestaut, wobei an besonders geformten Küsten – schmalen Meeresarmen oder trichterförmigen Buchten und Flußmündungen – der Tidenhub 20 m und mehr betragen kann.
Es leuchtet sicher ein, daß derartige Stellen für den Bau von Ge-

zeitenkraftwerken besonders geeignet sind. Dabei wird die Trichtermündung oder Meeresbucht mittels eines Staudamms abgeriegelt. In diesem sind zugleich auch die Turbinen und Generatoren untergebracht. Bei ersteren handelt es sich meist um sog. Rohrturbinen. Sie besitzen verstell- und umkehrbare Schaufeln bzw. Flügel, so daß sie sowohl beim Einströmen des Wassers in das hinter dem Damm befindliche Becken oder Beckensystem – also bei Flut – als auch bei Ebbstrom arbeiten können. Allgemeinstes Arbeitsprinzip der Gezeitenkraftwerke ist, daß sie unterschiedliche Wasserstände in mindestens zwei voneinander getrennten Becken, von denen eines das Meer sein kann, ausnutzen. Die beim Druckausgleich zwischen diesen Becken entstehende kinetische Energie wird über die mit Generatoren gekoppelten Turbinen der beschriebenen Bauart in Elektroenergie umgewandelt. Aus diesem grundlegenden Prinzip wird ersichtlich, daß Gezeitenkraftwerke im Normalfall nur in einem relativ eng begrenzten Zeitraum, nämlich nur beim Eintreten der Flut bzw. der Ebbe arbeiten können. Dieser Nachteil, der sich auch ganz erheblich auf die Wirtschaftlichkeit der jeweiligen Anlagen auswirkt, kann allerdings durch das Anlegen mehrerer Becken hinter dem abriegelnden Damm etwas gemildert werden. Die Gezeitenkraftwerke erhalten auf diese Weise vorübergehend eine gewisse Speicherfunktion, wodurch die Elektroenergieerzeugung bis zu einem bestimmten Grad zeitlich beeinflußt und damit dem tatsächlichen Bedarf besser angepaßt werden kann. Als noch günstiger erweist sich die direkte Kombination von Gezeitenkraftwerk und Pumpspeicherwerk (vgl. Kap. 6). Zum einen erhöht sich dadurch die Wirtschaftlichkeit der Anlage ganz erheblich, zum anderen kann so ihre Fahrweise noch besser mit den täglichen Schwankungen des Elektroenergiebedarfs in Übereinstimmung gebracht werden.
Unter Berücksichtigung dieser Kopplungsmöglichkeiten können Gezeitenkraftwerke mit fünf verschiedenen Arbeitsweisen unterschieden werden (Abb. 31):

1. Die Elektroenergieerzeugung erfolgt nur bei Ebbstrom, d. h. zwischen 4 und 7 h im Zeitraum des Gezeitenrhythmus von 12,4 h. Dabei werden Turbinen mit festen Flügeln eingesetzt.
2. Die Elektroenergieerzeugung erfolgt bei Ebbe und Flut, d. h. insgesamt zwischen 3 und 6 h innerhalb von 6,25 h. Zur Umwandlung werden Rohrturbinen mit verstellbaren Flügeln eingesetzt.
3. Das Gezeitenkraftwerk verfügt über zwei oder mehr Becken,

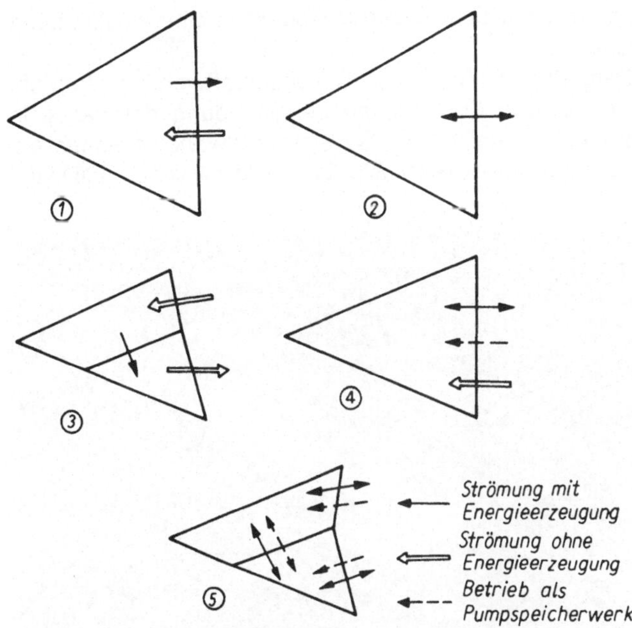

Abb. 31. Mögliche Arbeitsweisen von Gezeitenkraftwerken

wobei die Turbinen zwischen zwei getrennten Becken untergebracht sind. Eines der Becken wird periodisch von der Flut gefüllt und das andere periodisch bei Ebbe geleert.

4. Der Einsatz der Anlage erfolgt auch als Pumpspeicherwerk mit reversiblen Turbinengeneratoren, d. h., diese können auch als Pumpen arbeiten (vgl. Kap. 6). Das abgetrennte Becken wird als Pumpspeicher sowohl bei Hoch- als auch bei Niedrigwasser genutzt. Außerhalb der Spitzenzeit wird Wasser hineingepumpt, wodurch in Zeiten erhöhten Elektroenergiebedarfs eine höhere Leistungsbereitstellung gewährleistet ist. Die Elektroenergieerzeugung kann zu jeder gewünschten Zeit erfolgen und ist dann etwa 2 h lang gesichert.
5. Die Anlage verfügt über zwei oder mehr Becken, wobei sich zwischen den Becken und in den Dämmen zum offenen Meer reversible Turbinengeneratoren befinden. Die Anlage wird auch als Pumpspeicherwerk betrieben, um den Wasserstand in einem Becken zu erhöhen oder in einem anderen zu vermindern. Wenn die Druckdifferenz zwischen Becken und Meer geringer ist als zwischen den Becken, kann zusätzlich Elektroenergie erzeugt werden. Der Zeitpunkt ihrer Bereit-

stellung wird mit dem Bedarfszeitpunkt in Übereinstimmung gebracht.

Gegenwärtig sind weltweit vier Gezeitenkraftwerke in Betrieb, von denen das von St. Malo, an der Mündung der Rance in Nordfrankreich – meist kurz *Gezeitenkraftwerk La Rance* genannt –, das größte ist (Abb. 32). Es wurde zwischen 1961 und

Abb. 32. Das Gezeitenkraftwerk La Rance

1967 errichtet und verfügt über ein 22 km langes und im Mittel 1 km breites Speicherbecken, das durch einen 750 m langen Damm vom Meer abgeriegelt ist. Der mittlere Tidenhub beträgt 8,5 m, und zweimal am Tage fließen schätzungsweise 100 Mill. m^3 Wasser ein und aus. Im Damm sind 24 umschaltbare Rohrturbinen mit je 10 MW Leistung installiert, die auch als Pumpen arbeiten können. Die Arbeitsweise des Gezeitenkraftwerkes La Rance entspricht also der in Abb. 31 unter Nr. 4 dargestellten. Mittels der als Pumpen eingesetzten Turbinen wird bei ausgeglichenem Wasserstand zwischen Speicherbecken und Meer das Wasser des ersteren um etwa 2 m angehoben. Dadurch ist eine

zeitliche Verschiebung der Elektroenergieerzeugung um maximal 2 Stunden möglich. Die Anlage kann damit so gefahren werden, daß sie in den Zeiten der Bedarfsspitzen ein Maximum an Energie bereitstellt. Seit seiner Inbetriebnahme hat das Gezeitenkraftwerk La Rance eine durchschnittliche Auslastung von 2200 h/a erreicht, und seine Verfügbarkeit lag – ausgenommen die Anlaufphase unmittelbar nach der Inbetriebnahme und einer längeren Umbauzeit – von 1975 bis 1982 – zwischen 95 und 97%. Nach Angaben des Betreibers, der Electricité de France (EdF), übersteigen die spezifischen Elektroenergieerzeugungskosten diejenigen moderner Kernkraftwerke nur um etwa 50%.
Wesentlich kleiner ist das 1968 in Betrieb genommene *Versuchskraftwerk Kislaja Guba* an der Barentssee, etwa 100 km von Murmansk entfernt. Der Tidenhub beträgt am Standort etwa 3,3 m und ist damit vergleichsweise gering. Das Kraftwerk hat eine Leistung von 0,4 MW, und seine Elektroenergieerzeugung beläuft sich auf rund 6 GW · h/a. Von Anfang an war es als Demonstrationsanlage für einen neuen Weg zur Errichtung von Gezeitenkraftwerken vorgesehen. Gegenüber der sonst üblichen Technologie wurde die gesamte Umwandlungsanlage auf einem Trockendock von Murmansk montiert und anschließend schwimmend zum geplanten Standort gebracht (Abb. 33). Hier wurde sie an einer entsprechend vorbereiteten Stelle abgesenkt und auf dem Meeresboden verankert. Da sich dieses Verfahren bewährt hat und eine beträchtliche Senkung der Baukosten ermöglicht, soll es für die Errichtung künftiger sowjetischer Gezeitenkraftwerke – auf die diesbezüglichen Pläne wird noch eingegangen – ebenfalls angewendet werden.
Als erstes Gezeitenkraftwerk Amerikas wurde 1984 die Anlage von *Annapolis Royal* in Kanada in Betrieb genommen. Sie liegt an einem Nebenarm der Bay of Fundy, die mit mehr als 20 m den höchsten Tidenhub in der Welt aufweisen soll. Am Standort des Gezeitenkraftwerkes beträgt er, bedingt durch die dämpfende Wirkung des Nebenarms, allerdings nur noch 6,5 m. Beim Bau der Anlage von Annapolis Royal wurde ein bereits vorhandener Straßendamm über die Bucht genutzt. In ihn hinein wurde das Maschinenhaus gebaut, das mit einer einzigen Turbine ausgerüstet ist. Sie erreicht eine maximale Leistung von 19,9 MW und weist einen Laufraddurchmesser von 7,6 m auf. Die Anlage erzeugt lediglich bei Ebbstrom Elektroenergie, entspricht also in ihrer Arbeitsweise der in Abb. 31 unter Nr. 1 vorgestellten. Allerdings läuft die Turbine bereits bei einer Mindestfallhöhe des Wassers von 1,4 m an. Die Elektroenergieerzeugung des Gezei-

Abb. 33. Einschwimmen des Kraftwerksgebäudes für das erste Gezeitenkraftwerk der UdSSR in die Kislaja Guba

tenkraftwerkes von Annapolis Royal wird mit rund 50 GW · h/a angegeben. Experten gehen davon aus, daß es auch als Versuchsanlage für ein geplantes größeres Vorhaben direkt in der Bay of Fundy gedacht ist. Dort soll in den nächsten zehn Jahren das bisher größte Gezeitenkraftwerk der Welt mit einer Leistung von 4 800 MW errichtet werden. Das Projekt sieht dafür einen rund 8 km langen Damm vor, der insgesamt 106 Turbinen der in Annapolis Royal eingesetzten Bauart aufnehmen soll.
Das vierte derzeit in Betrieb befindliche *Gezeitenkraftwerk* wurde Anfang 1986 in der ostchinesischen Provinz *Zhejiang* fertiggestellt. Von ihm ist bisher lediglich bekannt, daß es eine Leistung von 10 MW haben soll. In diesem Zusammenhang sei vermerkt, daß die VR China bereits über eine lange Tradition und über große Erfahrungen auf dem Gebiet der Nutzung der Gezeitenenergie verfügt. Schon über Jahre hinweg sind dort kleine und kleinste Anlagen zur Nutzung dieser erneuerbaren Energiequelle in Betrieb. Meist stellen sie mechanische Energie für die unterschiedlichsten Anwendungszwecke zur Verfügung.
Wenden wir uns noch kurz den weiteren Aussichten der Nutzung der Gezeitenenergie zu. Auf der bereits mehrfach erwähnten Konferenz der UNO zu den erneuerbaren Energiequellen wurde von den Experten mehrerer Länder ein Bericht vorgelegt, in dem folgende Bedingungen für günstige Standorte von Gezeitenkraftwerken enthalten sind:

- günstige natürliche Voraussetzungen wie Uferrelief, Wassertiefe u. a., um die Baukosten für den Damm und das oder die Becken möglichst gering zu halten,
- ein durchschnittlicher Tidenhub von 5 bis 12 m,
- eine möglichst unkomplizierte Einbindung in das vorhandene Elektroenergiefortleitungs- und -verteilungsnetz,
- eine möglichst geringe Beeinträchtigung der vorhandenen natürlichen Umwelt durch den Bau und den Betrieb des Gezeitenkraftwerkes.

Unter Berücksichtigung dieser Gesichtspunkte wurde festgestellt, daß es weltweit etwa 40 mögliche Standorte für künftige Gezeitenkraftwerke mit einer Leistung von mehr als 200 MW gibt. Bei etwa der Hälfte von ihnen wird davon ausgegangen, daß die Leistung sogar mehr als 1 000 MW betragen könnte.
Aktivitäten auf dem Gebiet des Baus von Gezeitenkraftwerken gibt es heute in unterschiedlichen Realisierungsstadien u. a. in der Sowjetunion, in Frankreich, Kanada, Indien, Südkorea, Großbritannien und Australien. Aus der Vielfalt der angekündig-

ten Vorhaben und bereits vorliegender Projekte seien hier einige kurz vorgestellt.
In der Sowjetunion hat man bereits vor Jahren den Bau von zwei großen Gezeitenkraftwerken geplant. Wie schon erwähnt, ist die Anlage von Kislaja Guba dafür als Versuchs- und Demonstrationsvorhaben gedacht. Standorte sollen die Mesen-Bucht am Weißen Meer und die Penshinabucht am Ochotskischen Meer sein. Der Tidenhub liegt hier bei 10 bzw. 13,5 m. Auch die vorhandenen anderen natürlichen Bedingungen sprechen für diese Standorte. Probleme bereiten aber sicher die Fragen der Leistungsabführung der erzeugten Elektroenergie. Immerhin waren für die beiden Gezeitenkraftwerke ursprünglich Leistungen von 10 000 und 100 000 MW genannt worden. Heute kann man davon ausgehen, daß diese Werte nach einer Projektüberarbeitung keine Gültigkeit mehr haben und die wahrscheinlichen Leistungsparameter etwa ein Zehntel der Ursprungswerte betragen.
Schon mehrfach hat die EdF, der Betreiber des Gezeitenkraftwerkes La Rance, die Möglichkeiten zum Bau weiterer Gezeitenkraftwerke an der französischen Kanalküste, genauer gesagt auf der Halbinsel Contentin, untersucht. Das Projekt für das größte von ihnen – es soll eine Leistung von 12 000 MW aufweisen – sieht die Abriegelung der Bucht von St. Michel durch zwei insgesamt 36 km lange Dämme vor. Allerdings fand das Vorhaben, wie übrigens auch die anderen, bisher keine Bestätigung. Es ist daher fraglich, ob in Frankreich in absehbarer Zeit ein weiteres Gezeitenkraftwerk errichtet wird.
Schließlich sollen noch zwei britische Projekte genannt werden, die, zumindest auf dem Papier, schon recht weit gediehen sind. So ist vorgesehen, die Merseybucht unterhalb von Liverpool mittels eines 1,8 km langen Dammes abzuriegeln. In die Voruntersuchungen wurden dabei zwei mögliche Standorte einbezogen, wobei wahrscheinlich jene Version den Vorzug erhalten wird, die eine maximale Leistung von 620 MW aufweist. Zwei Varianten existieren auch für ein Gezeitenkraftwerk an der Severnmündung, wo ein Tidenhub von etwa 10 m verzeichnet wird. Die erste davon sieht einen 16,3 km langen Damm zwischen Weston und Cardiff vor. In ihm sollen 192 Turbinen mit einem Laufraddurchmesser von je 8,2 m installiert werden. Die Leistung dieses Kraftwerkes wird im Projekt mit 7 200 MW angegeben. Auf bescheidenere Werte bringt es die zweite Variante, der sog. English-Stone-Damm. Er soll eine Länge von 7,1 km erreichen und 36 Turbinen mit einem Laufraddurchmesser von je 7,5 m aufneh-

men. Als Leistung für diese Anlage werden 972 MW genannt. Zu beiden Vorhaben wird betont, daß bei ihnen die Elektroenergieerzeugungskosten durchaus mit denen eines neuzuerrichtenden Steinkohlenkraftwerkes konkurrieren können.
Die bereits in Betrieb befindlichen Gezeitenkraftwerke und die hier nur kurz vorgestellten Projekte für künftige Vorhaben lassen den Schluß zu, daß die Nutzung der Gezeitenenergie durchaus in der Lage ist, einen gewissen Beitrag zur Energieversorgung bestimmter Territorien zu leisten. Und trotz aller Einschränkungen hinsichtlich ihrer Abhängigkeit von den bereits genannten natürlichen Bedingungen kann dennoch gesagt werden, daß sie unbestritten eine durchaus realistische Möglichkeit darstellt, die Energie des Meeres für den Menschen nutzbar zu machen.

3.3. Das Meereswärmekraftwerk

Ebenfalls schon seit geraumer Zeit befassen sich Wissenschaftler und Energietechniker, vor allem in Japan, Frankreich und den USA, mit der Möglichkeit, die Temperaturdifferenz (Δt) zwischen der Oberfläche und den tieferen Zonen tropischer Meere für die Elektroenergieerzeugung zu nutzen. Das zu diesem Zweck entwickelte Verfahren wird allgemein mit OTEC (Ocean Thermal Energy Conversion) bezeichnet. Bei ihm wird warmes Oberflächenwasser in einen Wärmetauscher gepumpt und damit flüssiges Ammoniak – es eignen sich aber auch andere niedrig siedende Substanzen wie Freone oder Propan – verdampft. Das entstandene Gas treibt die mit einem Generator gekoppelte Turbine an und entspannt sich dabei. In einem zweiten Wärmetauscher wird es anschließend mit kaltem Tiefenwasser, das aus etwa 700 m heraufgepumpt wird, wieder verflüssigt und zum ersten Wärmetauscher zurückgeführt. Ein neuer Kreislauf kann beginnen (Abb. 34).
Neben der hier beschriebenen Verfahrensvariante mit einem geschlossenen gibt es noch eine solche mit einem offenen Kreislauf. Bei ihr dient das warme Oberflächenwasser selbst als Arbeitsmittel. Es wird in einen Verdampfer gepumpt, in dem ständig ein Unterdruck aufrechterhalten wird. Dadurch verdampft das Oberflächenwasser teilweise, der Dampf treibt einen Turbogenerator an und wird anschließend mit kaltem Tiefenwasser kondensiert. Anlagen dieser Variante erfordern sehr große Verdampferflächen und Turbinen mit beträchtlichen Ausmaßen. Bescheiden nimmt sich dagegen die erzielbare elektrische Lei-

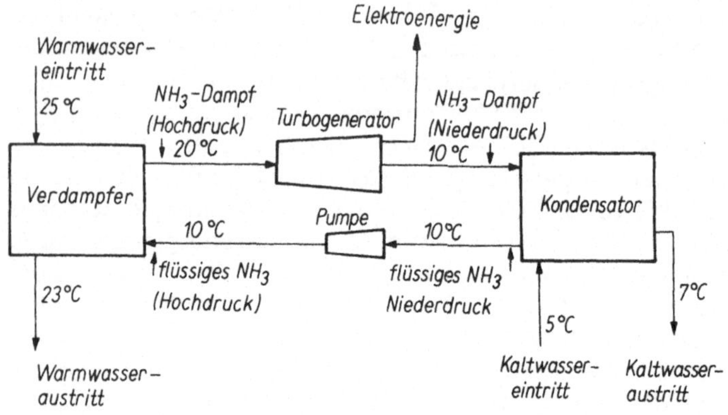

Abb. 34. Schema einer OTEC-Anlage mit geschlossenem Kreislauf (nach Lavy und Zener)

stung aus. Sie beträgt je Kilogramm Warmwasser pro Sekunde nur 0,2 bis 0,8 kW. Anders ausgedrückt bedeutet dies, daß bei einer Leistung von 100 MW in jeder Sekunde rund 300 m³ warmes Oberflächenwasser verdampft werden müssen. Wegen dieses deutlichen Nachteils gegenüber Anlagen mit einem geschlossenen Kreislauf wird an OTEC-Anlagen mit offenem Kreislauf für die Erzeugung von Elektroenergie derzeit kaum gearbeitet.

Unabhängig von der jeweiligen Verfahrensvariante bestehen OTEC-Anlagen im wesentlichen aus

- Kaltwasser-Steigrohren, die bis in etwa 700 m Tiefe reichen
- leistungsstarken Pumpen
- Wärmetauschern bzw. Verdampfern
- dem Energieumwandlungssystem (Turbine und Generator)
- Anlagen zur Leistungsabführung (Unterseekabel).

Hinsichtlich der Aufstellungsart sind schwimmende Anlagen auf Schiffen, Plattformen, Halbtauchern sowie in getauchten Großbojen (Abb. 35) sowie landgestützte Anlagen möglich. Letztere stehen auf Stelzen im Offshore (von engl. off shore ≙ vor der Küste) geeigneter Küstenregionen. Wichtigste Voraussetzung ist dabei ein steil abfallender Festlandssockel (Neigung etwa 30°), damit die Entfernung der 1000-m-Tiefenlinie des Meeres vom Ufer möglichst gering ist.

Die theoretischen Grundlagen für das OTEC-Verfahren schuf der französische Physiker Jacques Arsène. Bereits im Jahre 1881 legte er das Konzept für eine entsprechende Anlage mit offenem Kreislauf vor. Allerdings hatte er keine Möglichkeit zum Bau

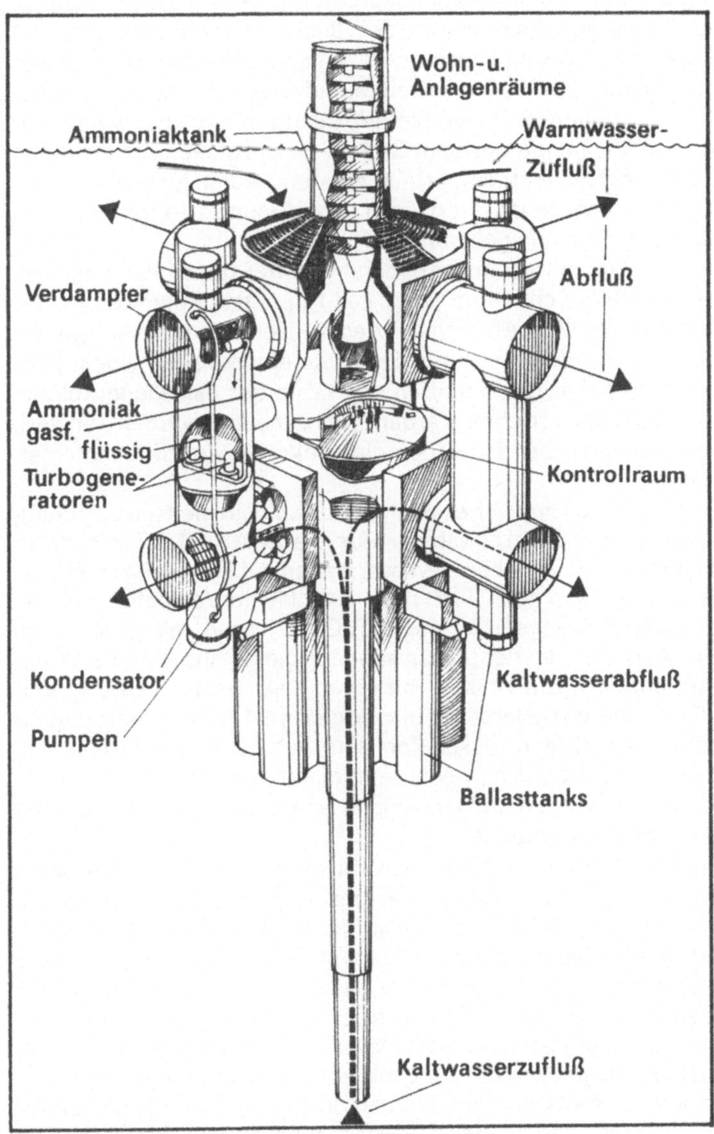

Abb. 35. Modell einer 160-MW-OTEC-Anlage

einer Versuchsanlage. Erst seinem Schüler Georges Claude gelang es 1929, die technische Durchführbarkeit dieses Prinzips in der Praxis zu beweisen. In der Bucht von Mantanzas (Kuba) baute er zu diesem Zweck eine Anlage mit einer elektrischen Leistung von 22 kW. Die Arbeiten mußten jedoch wegen zahlreicher technischer Schwierigkeiten, insbesondere aber wegen der raschen Veralgung der vom Seewasser umspülten Anlagenteile, schon bald wieder eingestellt werden. Auch hinsichtlich der Wirtschaftlichkeit des Verfahrens war Claude zu keinem befriedigenden Ergebnis gekommen.

In den 50er Jahren entwarf dann ein französisches Unternehmen – Frankreich war in jener Zeit führend auf dem Gebiet der Nutzung der Meereswärme – das Konzept für eine Anlage mit 7 MW elektrischer Leistung. Sie sollte ebenfalls mit einem offenen Kreislauf arbeiten und an der Küste der damaligen Kolonie Elfenbeinküste errichtet werden. Das auch als Lagunenkraftwerk bekannte Vorhaben ist jedoch nie konkret in Angriff genommen worden.

Rund 30 Jahre lang war es dann relativ still um die Nutzungsmöglichkeiten der Meereswärme. Nur die USA und Japan führten entsprechende Arbeiten gewissermaßen auf kleiner Flamme aus. Sie bauten dann auch 1979 bzw. 1981 kleine Versuchs- und Demonstrationsanlagen für das OTEC-Verfahren mit geschlossenem Kreislauf. Bei dem japanischen Projekt handelte es sich um eine landgestützte Anlage mit einer elektrischen Leistung von 100 kW. Sie war allerdings nur insgesamt 1 230 h in Betrieb und erbrachte während dieser Zeit eine durchschnittliche Nettoleistung von 10 kW, d. h., neun Zehntel der von ihr erzeugten Elektroenergie wurden in der Anlage selbst für die erforderliche Pumparbeit verbraucht.

Nicht viel besser sieht das Verhältnis von installierter zu tatsächlich abgegebener Leistung bei der schwimmenden amerikanischen Anlage „Mini-OTEC" aus. Sie wurde 1979 auf einem ausgedienten Marinetanker aufgebaut und verfügt über eine elektrische Leistung von 50 kW. Davon werden rund 40 kW als Eigenverbrauch für die Pumparbeit benötigt. „Mini-OTEC" ist etwa 1 km vor der Westküste Hawaiis im Einsatz und derzeit die einzige Anlage der Welt zur praktischen Anwendung dieses Verfahrens. Dementsprechend haben die mit ihr durchgeführten Arbeiten auch überwiegend wissenschaftlichen Charakter. Das Forschungsprogramm befaßt sich u. a. mit der möglichen Verringerung des hohen Elektroenergieaufwandes für die Pumparbeit durch den Einsatz besonders effektiver Aggregate; es werden

die Anlagenkomponenten der eigentlichen Energieumwandlung getestet sowie Fragen der Korrosion und der Torsion an den Steigrohren bearbeitet. Weiterhin wird nach geeigneten Mitteln und Wegen zur Eindämmung bzw. Beseitigung des Algenbewuchses an allen mit dem Seewasser in Berührung kommenden Teilen gesucht.
Ein ähnliches Programm wurde auch auf der Anlage OTEC-1 (elektrische Leistung 1 MW) absolviert, die zwischen 1980 und 1981 für wenige Monate ebenfalls vor Hawaii im Einsatz war, inzwischen aber stillgelegt wurde. Sie erreichte trotz günstiger natürlicher Voraussetzungen ($\Delta t = 21$ K) nur einen Wirkungsgrad von 2,5 %, so daß davon ausgegangen wird, daß dies das derzeitig erreichbare Maximum ist. Deutlich höhere Werte werden sich allerdings auch in Zukunft nur schwer erzielen lassen, da der thermische Wirkungsgrad $\eta_{th,c}$ des idealen Kreisprozesses eines thermischen Kraftwerkes nach Carnot (Nicolas Léonard Sadi Carnot; franz. Physiker, 1796–1882) durch die Beziehung

$$\eta_{th,c} = \frac{\Delta T}{T_1}$$

gegeben ist, wobei ΔT der Temperaturunterschied zwischen oberem und unterem Temperaturniveau, in unserem konkreten Fall also zwischen warmem Oberflächen- und kaltem Tiefenwasser, und T_1 die absolute Temperatur des oberen Niveaus – hier des warmen Oberflächenwassers – ist. Eine OTEC-Anlage, die zwischen Temperaturen von 27 °C (Oberflächenwasser) und 6 °C (Tiefenwasser) arbeitet, hätte demnach theoretisch einen maximalen Wirkungsgrad von 7,8 %. Berücksichtigt man alle Verluste, die im thermischen Kreisprozeß auftreten können, so wird ein effektiver Wirkungsgrad von etwa 3 % als erreichbar angesehen.
Dennoch lassen die bisher im Rahmen des OTEC-Programms der USA erzielten Ergebnisse den Schluß zu, daß der Einsatz schwimmender Anlagen in all jenen Meeresgebieten möglich wäre, die über eine Temperaturdifferenz zwischen Oberflächen- und Tiefenwasser von $\Delta t \geqq 20$ K verfügen. Nach überschlägigen Berechnungen käme dafür eine Meeresfläche von rund 60 Mill. km², gelegen zwischen 22° nördlicher und 22° südlicher Breite, in Frage.
Legt man das in den amerikanischen Projekten veranschlagte Operationsgebiet von etwa 2 000 km² für eine 325-MW-OTEC-Anlage zugrunde, so ergibt sich rein rechnerisch ein auf diesem

Wege erschließbares Energiepotential von rund 10 000 GW. Kein Wunder also, wenn das Gesamtprojekt zur Nutzung der Meereswärme in einem nächsten Schritt den Bau und die Erprobung einer 40-MW-Pilotanlage vorsieht. Mit ihr soll erstmals auch die Möglichkeit getestet werden, die auf See erzeugte Elektroenergie nicht über Kabel an das Festland abzuführen, sondern auf den schwimmenden Anlagen selbst zur Herstellung von Ammoniak aus dem Stickstoff der Luft zu nutzen. Das verflüssigte Ammoniak erhält dabei gewissermaßen die Funktion eines Energiespeichers und soll mit Tankern von der OTEC-Anlage übernommen und zur weiteren Verwendung an Land gebracht werden. Dort ist dann u. a. die Zerlegung des Ammoniaks in Stickstoff und Wasserstoff vorgesehen, wobei mit letzterem ein universell einsetzbarer Energieträger zur Verfügung stehen würde. Eine weitere Nutzungsmöglichkeit des Ammoniaks ist dessen Einsatz in entsprechenden Brennstoffzellen zur Erzeugung von Elektroenergie und Heizwärme. Auf diese Weise können u. a. die technischen Probleme umgangen werden, die aus der Abführung der Elektroenergie von den auf hoher See schwimmenden OTEC-Anlagen bis zu einem an Land vorhandenen Fortleitungsnetz resultieren und die noch nicht gelöst sind. Genannt seien hier nur die immensen Belastungen der Kabel durch den Wasserdruck und das Seewasser sowie deren Verlegung in großen Wassertiefen.

Folgerichtig werden daher für die noch fernere Zukunft OTEC-Anlagen mit einer elektrischen Leistung von 100 MW anvisiert, die aus je 20 Modulen zu 5 MW bestehen und als schwimmende „chemische Fabriken" genutzt werden sollen. Neben der schon erwähnten Erzeugung von Ammoniak wird dann auch die Produktion von Wasserstoff mit Hilfe modernster Elektrolyseverfahren angestrebt (vgl. Kap. 7). Der Wasserstoff wird verflüssigt und ebenso wie das Ammoniak mittels Tanker an Land gebracht.

Als ein weiteres Anwendungsgebiet für das OTEC-Verfahren schlagen einige Länder die Meereswasserentsalzung vor. Dabei sollen vorrangig Anlagen mit offenem Kreislauf zum Einsatz kommen, da bei ihnen am Ende des Prozesses ohnehin mit dem kondensierten Arbeitsmittel entsalztes Wasser anfällt. Dieses ursprüngliche „Nebenprodukt" wird nun zum eigentlichen Ziel des Betriebes der Anlage, und die mögliche Erzeugung von Elektroenergie spielt nur noch eine untergeordnete Rolle. Die entsprechenden Projekte sehen teilweise noch die Kombination mit einer dritten Nutzungsmöglichkeit des OTEC-Verfahrens, der sog. Aquakultur, vor. Man nutzt dabei die Tatsache aus, daß das für den Betrieb der OTEC-Anlage heraufgepumpte kalte Tiefenwasser sehr nährstoffreich ist. Nach den Vorstellungen der Wissenschaftler soll es nach dem Verlassen der Meerwasserentsalzungsanlage oder der „chemischen Fabrik" den Ausgangspunkt für eine biologische Produktion bilden. Dazu wird es in speziell vorbereitete Meeresabschnitte oder große Becken eingeleitet. Hier werden seine Nährstoffe vom vorhandenen Phytoplankton aufgenommen und in organische Substanz umgewandelt. Diese wiederum bildet dann die Nahrungsgrundlage für die Aufzucht von Schalen- und Krustentieren sowie bestimmter Fischarten in den sog. Meeresfarmen.

Bliebe noch die Frage nach den Kosten solcher Vorhaben und den Aussichten auf ihre tatsächliche Realisierung. Zu beiden gibt es gegenwärtig noch keine verbindliche Antwort. Sicher ist aber, daß beispielsweise die spezifischen Kosten der Elektroenergieerzeugung in einer OTEC-Anlage mit 40 MW Leistung mehr als das Zehnfache derjenigen in einem modernen Wärmekraftwerk betragen. Schon aus diesem Grunde werden solche Anlagen wohl auch in absehbarer Zukunft kaum in größerer Zahl zum Einsatz gelangen. Hinzu kommt, daß auch noch eine Reihe technischer Probleme an den Anlagen selbst zu lösen sind. Das betrifft vor allem die Steigrohre für das kalte Tiefenwasser, die bei rund 1000 m Länge einen Durchmesser von immerhin 10 m erreichen und ständig dem Seewasser und dem enormen Wasserdruck ausgesetzt sind. Die Arbeiten auf diesem Teilgebiet konzentrieren sich insbesondere auf die Schaffung korrosionsbeständiger und stabiler Werkstoffverbindungen. Über die angestrebte Senkung des Elektroenergieverbrauchs für die Pumparbeit wurde bereits gesprochen. Und nicht zuletzt müssen auch ökologische Gesichtspunkte in Betracht gezogen werden. Bisher wurde noch nicht umfassend untersucht, welche Auswirkungen das Pumpen großer Mengen von Tiefenwasser an die Meeresoberfläche haben könnte. Es darf daher mit ziemlicher Sicherheit angenommen werden, daß OTEC-Anlagen mit nennenswerten Leistungen und in größerer Anzahl, wenn überhaupt, erst im nächsten Jahrhundert zum Einsatz kommen werden.

Eine interessante Variante des Verfahrens stellt das Projekt eines sog. arktischen Kraftwerkes dar, auf das abschließend noch kurz eingegangen werden soll. An ihm arbeiten Experten des Leningrader „Elektrosila"-Werkes. Sie wollen auf diesem Wege die Temperaturdifferenz zwischen der kalten Luft und dem auch unter dem Eis noch relativ warmen Wasser ausgewählter Ströme im nördlichen Sibirien nutzen. Die mittlere Jahrestemperatur der

Luft in den dafür vorgesehenen Gebieten liegt bei −13,5 °C. Im Winter sinkt die Lufttemperatur sogar bis auf Werte um −50 °C ab. Zur gleichen Zeit beträgt aber die Wassertemperatur der Ströme nur etwa −1,5 °C, gemessen unter dem Eis. Diese Temperaturdifferenz – sie beträgt mehr als das Doppelte der aus den tropischen Meeren erzielbaren – soll in Anlagen mit einem geschlossenen Kreislauf, analog dem Schema in Abb. 34, für die Elektroenergieerzeugung genutzt werden. Nach Meinung der Experten könnte beispielsweise an der Lenamündung ein solches Kraftwerk mit einer Leistung von 7 800 MW und am Ob ein solches mit einer Leistung von 4 880 MW errichtet werden.

3.4. Strom aus dem Golfstrom?

Im Gegensatz zu den bisher vorgestellten Verfahren zur Energiegewinnung aus dem Meer liegen für die energetische Nutzung von Meeresströmungen noch keine konkreten Pläne vor. Allerdings mangelt es nicht an entsprechenden Entwürfen und Projekten zur Erschließung dieses Potentials, das weltweit auf etwa 5 TW veranschlagt wird. Die meisten dieser Vorhaben sind für den Floridastrom, einen Teil des Golfstroms, konzipiert worden. Dieser zählt zu den bislang am besten erforschten Meeresströmungen. An seiner schmalsten Stelle, zwischen der Halbinsel Florida und den Bahamainseln, weist er lediglich eine Breite von 80 km auf. In diesem Abschnitt beträgt der Wasserdurchsatz zwischen 20 und 30 Mill. m^3/s bei einer mittleren Geschwindigkeit von 0,9 m/s. Das hier zur Verfügung stehende theoretische Potential wird auf rund 25 000 MW geschätzt, wovon allerdings nur ein Bruchteil auch wirklich genutzt werden könnte. Allgemein wird davon ausgegangen, daß aus einem Meeresstrom von 50 km mittlerer Breite und einer mittleren Tiefe von 120 m bei einer Geschwindigkeit im Kern der Strömung von etwa 2 m/s – diese Werte treffen für den Floridastrom zu – durch entsprechende Umwandlungsanlagen eine elektrische Leistung von etwa 2 000 MW erschlossen werden könnte.
Aus der relativ geringen Geschwindigkeit der Meeresströmung ergibt sich allerdings zwangsläufig deren geringe Energiedichte. Im Fall des Floridastroms liegt sie selbst in dessen Kern nicht über 2,2 kW/m^2. Daraus folgt, daß die Umwandlungsanlagen von Meeresströmungskraftwerken beträchtliche Ausmaße aufweisen müssen, um überhaupt nennenswerte Leistungen erreichen zu können (Tab. 8).

Tabelle 8. Ausgewählte Turbinendaten für projektierte Meeresströmungskraftwerke

	Turbine mit		
	verstellbaren Flügeln	Schaufelrad (offene Bauart)	vertikaler Achse
Geschwindigkeit des Meeresstroms (m/s)	1,65	1,65	1,65
Strömungsgeschwindigkeit am Turbinenaustritt (m/s)	0,82	0,82	0,82
Laufraddurchmesser der Turbine (m)	30,5	30,5	[1]
Turbinenflügelfläche (m^2)	1464,6	1063,4	1884,4
Drehzahl (U/min)	2	2	2
Leistung (kW)	746,0	837,7	1275,7

[1] Savoniusrotor; rechteckiger Querschnitt 27,4 m × 45,7 m.

Nicht nur in ihrem Äußeren, sondern auch in der Funktionsweise ähneln die meisten der bisher für Meeresströmungskraftwerke konzipierten Turbinen riesigen WEK (vgl. Kap. 2). Der Wind wird durch die Meeresströmung ersetzt, wobei die Turbinenflügel, bedingt durch die geringe Strömungsgeschwindigkeit, nur zwei bis drei Umläufe pro Minute ausführen. Die Analogie zur Windenergienutzung geht sogar so weit, daß für Meeresströmungskraftwerke auch Turbinen in Form des Savoniusrotors sowie mit Ummantelung entworfen wurden (vgl. Abschn. 2.3.).

Unabhängig von ihrer Bauart werden die Turbinen entweder direkt auf dem Meeresboden aufgestellt, oder sie schwimmen, von starken Trossen und Bojen in einer definierten Position gehalten, im Kern der Meeresströmung. Wegen der aus Tab. 8 ersichtlichen geringen Leistung der einzelnen Turbinen ist deren Anordnung in Reihen oder Gruppen vorgesehen. Dieser weitere Bezug zur Windenergienutzung läßt auch auf den erheblichen Platzbedarf schließen, den ein Meeresströmungskraftwerk erfordern würde. Immerhin sind für die bereits erwähnte theoretisch mögliche Leistung von etwa 2000 MW aus dem Floridastrom mehr als 2000 derartiger Turbinen notwendig.

Abweichend von dem bisher beschriebenen Konzept auf der Basis von „Unterwasser-WEK", legte schon vor Jahren der amerikanische Ingenieur Stilman einen „Energiewandler für langsame

Wasserströmungen" im Entwurf vor. Diese patentierte Lösung unterstreicht bis zu einem gewissen Grade das Spekulative, das einer möglichen Nutzung der Energie der Meereströmungen, trotz aller bisher erbrachten wissenschaftlichen Arbeit, anhaftet. Sein Umwandlungsverfahren arbeitet nämlich mit „Seefallschirmen" aus hochfestem Material, die in großer Zahl an einer umlaufenden Seilschleife angeordnet sind (Abb. 36).

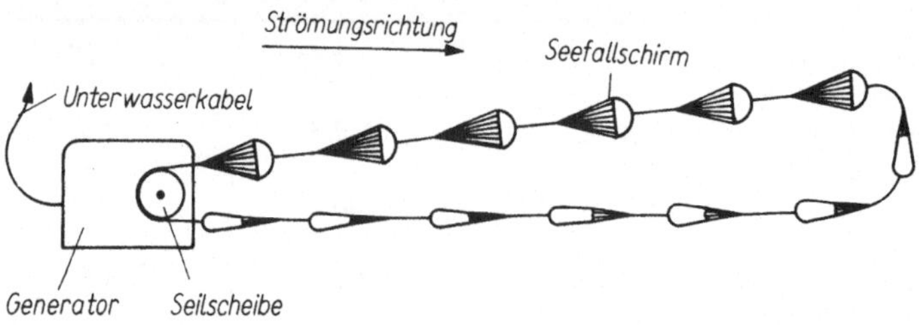

Abb. 36. Energiewandler für langsame Wasserströmungen (nach Stilman)

Das Seil mit den Schirmen läuft am unteren Ende über eine auf dem Meeresboden verankerte Seilscheibe, die mit dem Generator gekoppelt ist. Nach den Vorstellungen Stilmans sollen die Fallschirme – einige der Versionen seines Verfahrens weisen solche mit einem Kappendurchmesser bis zu 100 m auf – durch die Meeresströmung aufgebläht und dann mit dieser vorangetrieben werden. Ist der obere Scheitelpunkt der bei großen Anlagen etwa 18 km langen Seilschleife überschritten, klappen die Schirme wegen des nun fehlenden Staudrucks der Strömung zusammen und werden in dieser Lage, gegen die Strömung, zum unteren Ende der Seilschleife gezogen. Allerdings leuchtet ein, daß sie dazu durch eine entsprechende Vorrichtung in ihrer zusammengeklappten Position gehalten werden müssen, weil sie sich sonst beim Zurückziehen, wegen des Strömungsstaus in der Schirmkappe, wieder öffnen und damit das gesamte System abbremsen würden. Nähere Angaben darüber sind aber in dem Projekt nicht zu finden. Nach Durchlaufen der Seilscheibe kommen die Schirme wieder in die Strömung, blähen sich auf, und der eben beschriebene Ablauf beginnt erneut. Eine Versuchsanlage, die die technische Durchführbarkeit dieses Verfahrens unter Beweis stellt, existiert bisher, wie übrigens auch bei allen anderen konzipierten Verfahren zur energetischen Nutzung der Meeresströmungen, noch nicht. Es sollte daher hinsichtlich seiner möglichen Eignung doch mit einer gehörigen Portion Skepsis betrachtet werden.

Unabhängig davon muß aus wirtschaftlichen und ökologischen Gesichtspunkten heraus generell bezweifelt werden, ob jemals ein Meeresströmungskraftwerk, gleich welcher Bauart, in Betrieb gehen wird. Zum einen nennen die bisher vorliegenden Projekte geschätzte Investitionskosten je Kilowatt installierter Leistung, die mindestens fünfmal so hoch sind wie die eines herkömmlichen Wärmekraftwerkes. Weit mehr ins Gewicht fallen aber die möglichen Folgen, die sich aus dem Betrieb eines großen Meeresströmungskraftwerkes ergeben könnten. Sie sind in ihrer Tragweite noch gar nicht abzusehen. Immerhin beträgt die Strömungsgeschwindigkeit am Turbinenaustritt nur noch etwa ein Drittel bzw. die Hälfte des ursprünglichen Wertes für die angezapfte Meeresströmung (vgl. Tab. 8). Die Auswirkungen einer solchen Abbremsung des Golfstroms, um beim gewählten Beispiel des Floridastroms zu bleiben, sind bisher noch nicht ernsthaft untersucht worden. Daß sie aber vor allem schwerwiegend für das Klima in Europa sein könnten, leuchtet sicher ein. Bewirkt doch der Golfstrom, daß die Jahrestemperaturen an den europäischen Westküsten um etwa 10 K höher liegen, als es ihnen der geographischen Lage nach zukommt. Diese klimatische Begünstigung wird von den vorherrschenden Westwinden auch weit in den eurasischen Kontinent hineingetragen. Denkbare Folgen einer auch nur teilweisen Drosselung dieser „Warmwasserheizung Europas", wie der Golfstrom gelegentlich auch genannt wird, wären u. a. eine Zunahme der Vergletscherung in den europäischen Hochgebirgen, die Verschiebung der Grenze der Dauerfrostbodenzone nach Süden und die Vereisung der Häfen in Norwegen oder der Halbinsel Kola im Winter.
Man kann daher davon ausgehen, daß Meeresströmungskraftwerke auch künftig zu den theoretisch zwar lösbaren, in der Praxis aber nicht angewendeten Verfahren zur Nutzung der erneuerbaren Energiequellen zählen.

3.5. Das Salzgradientenkraftwerk

Gleiches gilt aus heutiger Sicht auch für die Möglichkeit, die unterschiedliche Höhe des Salzgehaltes von Meeres- und Flußwasser energetisch zu nutzen. Das Modell eines solchen Salzgradientenkraftwerkes wurde vor einiger Zeit an der Technischen Hochschule Göteborg erfolgreich im Labormaßstab getestet und erbrachte dabei eine äußerst bescheidene Leistung von 4 W. Folgendes Prinzip lag diesem Versuch zugrunde. Werden Salz- und Süßwasser miteinander vermischt, wie dies beim Einmünden eines Flusses ins Meer auftritt, so beginnen die Natrium- und Chlorionen des Salzwassers in Richtung des Süßwassers zu wandern, damit eine homogene Lösung entstehen kann. Dieser Zwang zur Bewegung der Ionen läßt sich nun so zur Elektroenergieerzeugung nutzen, daß man seinen eigentlichen Abschluß, also die Vermischung von Salz- und Süßwasser, verhindert. Zu diesem Zweck wurde bei der Versuchsanlage von Göteborg zwischen das eingebrachte Salz- und das Süßwasser eine ionenselektive Membran geschaltet, die nur eine Ionenart hindurchließ. Die auf diese Weise entstandene Potentialdifferenz liefert Elektroenergie, wenn die Potentiale über entsprechende Leitungen entladen werden. Die Versuche an der TH Göteborg haben zwar die technische Durchführbarkeit dieses Weges der Elektroenergieerzeugung bewiesen, zugleich wurde aber auch klar, daß selbst in ferner Zukunft ein solches Salzgradientenkraftwerk nicht zum großtechnischen Einsatz gelangen wird. Für eine Leistung von 20 MW – das entspricht einem Fünfundzwanzigstel der Leistung eines einzigen Blocks des Kraftwerkes Boxberg – wären nicht weniger als 5 000 derartiger Versuchsanordnungen, jede mit rund 1 m^2 der sehr teuren ionenselektiven Membran ausgerüstet, erforderlich. In den USA, wo man sich ebenfalls im Labormaßstab mit diesem Verfahren befaßt, wird eingeschätzt, daß die spezifischen Investitionskosten eines Kraftwerkes auf der Basis dieses Verfahrens mehr als das Zehnfache derjenigen eines modernen Kernkraftwerkes betragen würden.

4. Geothermie – Energie aus der Tiefe

Direkt unter unseren Füßen liegt eine gewaltige und unerschöpfliche Energiequelle – die Erdwärme oder Geothermie. Bereits die Völker der Antike kannten diesen „heißen Atem" der Erde und nutzten die in bestimmten Gebieten zutage tretenden Thermalquellen zum Baden, aber auch schon zum Heizen der Wohnhäuser. Städte wie Budapest oder Tbilissi verdanken ihnen ihre

Gründung. Und schon sehr frühzeitig machte sich der Mensch auch Gedanken über die Herkunft der ihm bekannten heißen Quellen und Dampferuptionen. Patricius, der im 3. Jahrhundert u. Z. lebende Bischof von Pertusa, schrieb sie dem Steigen der Temperatur in der Erde mit zunehmender Tiefe zu. Über lange Zeit geriet diese Vermutung allerdings in Vergessenheit, und selbst Georgius Agricola (1494–1555), der Begründer der Montanwissenschaft, hat in seinem Hauptwerk „De re metallica, libri XII" nichts darüber erwähnt. Erst der englische Physiker und Chemiker Robert Boyle (1627–1691) kam nach der systematischen Auswertung ihm zugänglicher Beobachtungen und Beschreibungen heißer Quellen zu dem Schluß, daß die Temperatur in der Erde mit zunehmender Tiefe ansteigt – eine Erkenntnis, die sich durch spätere umfangreiche Meßungen der modernen Wissenschaft bestätigte. Ausgehend davon wurde als Maß für die Tiefenzunahme in Metern, bei der die Temperatur um 1 K ansteigt, der Begriff der geothermischen Tiefenstufe festgelegt. Der Wert dieses Maßes streut, in Abhängigkeit von den jeweiligen konkreten geologischen Bedingungen, ganz erheblich und beträgt im Mittel über alle Kontinente etwa 33 m.

Im Erdkern herrscht eine geschätzte Temperatur von mehr als 3500 °C. Über ihre Entstehung gibt es zahlreiche Hypothesen. Allgemein wird jedoch angenommen, daß der Zerfall langlebiger Isotope des Urans, des Thoriums und des Kaliums sowie die Prozesse der Erdentstehung daran einen entscheidenden Anteil haben. Die im Erdkern durch die genannten Vorgänge ständig freiwerdende Wärmeenergie wandert, bedingt durch die geringe Wärmeleitfähigkeit des Gesteins, nur sehr langsam in die äußeren Erdschichten. An der Erdoberfläche langt schließlich nur ein verschwindend kleiner Bruchteil davon an. Selbst in den besonders begünstigten vulkanischen Regionen unseres Planeten beträgt der Wärmestrom dort lediglich maximal 120 kW/km^2. Für die DDR liegt der mittlere Wert noch um etwa die Hälfte darunter.

Dennoch ist allein das in der 10 km dicken äußeren Erdrinde enthaltene Energiepotential gewaltig. Fachleute veranschlagen es auf rund $30 \cdot 10^{25}$ Joule. Allerdings muß hierzu gesagt werden, daß beim derzeitigen Stand der Bohrtechnik eine Tiefe von rund 3000 m für die Nutzung der geothermischen Energie als das wirtschaftlich vertretbare Maximum angesehen wird. Aber auch das in dieser Erdschicht steckende Energiepotential übersteigt mit $4{,}1 \cdot 10^{25}$ Joule (bezogen auf die Landmasse) den derzeitigen jährlichen Welt-Primärenergiebedarf noch um ein Vielfaches.

Auf welchen Wegen es für die Menschheit nutzbar gemacht werden könnte, soll auf den folgenden Seiten etwas näher beleuchtet werden. Mit Absicht werden dabei allerdings geologische und geophysikalische Aspekte sowie Fragen der Bohrtechnik nahezu völlig außer acht gelassen.
Sieht man einmal von den schon mehrfach erwähnten Thermalquellen und Dampferuptionen ab, die auf natürlichem Wege aus der Erde treten, so müssen, um die geothermische Energie nutzen zu können, entsprechende Lagerstätten in der Erdkruste durch Bohrungen (Sonden) erschlossen werden. Hinsichtlich der Erscheinungsformen geothermischer Vorkommen wird allgemein unterschieden in (Abb. 37):

Hochtemperaturlagerstätten in vulkanischem Gebiet mit den beiden Möglichkeiten

- Heißdampflagerstätten; in ihnen werden Grundwässer durch eine Magmaintrusion aufgeheizt. Es bildet sich Dampf bei dem Druck, dem die Grundwässer ausgesetzt sind. Eine abdichtende Schicht über der Lagerstätte läßt keine oder nur unbedeutende Dampfmengen aus derselben austreten. Enthält der Dampf in der Lagerstätte keine Wasserbeimengungen, spricht man von einer Trockendampflagerstätte.
- Heißwasserlagerstätten; eine wasserleitende und -speichernde Gesteinsschicht (Aquifer) wird durch eine Magmaintrusion aufgeheizt. Der in dem Aquifer vorhandene hydrostatische Druck verhindert die Ausbildung der Dampfphase auch bei höheren Temperaturen. Durch das Niederbringen einer Sonde in eine solche Lagerstätte und beim Fördern des Heißwassers wird der Druck in der Lagerstätte vermindert, so daß sich in der Sonde und teilweise sogar bereits in der Lagerstätte Sattdampf ausbilden kann. Dieser führt häufig erhebliche Wassermengen mit sich.

Warmwasserlagerstätten; es handelt sich dabei um Aquifere mit Temperaturen $<100\,°C$, die häufig in den Sedimentbecken anzutreffen sind. Als besonders günstig erweisen sich Lagerstätten, aus denen das Thermalwasser nach dem Niederbringen der Sonde artesisch aus derselben tritt.

Trockene Lagerstätten; hier wird das Wärmepotential von heißem, trockenem Tiefengestein über ein spezielles Verfahren (Hot-Dry-Rock-Verfahren) erschlossen. Möglich ist auch die Nutzung von sehr heißen Gesteinskörpern (z. B. Magmakammern). Genannt seien noch die sog. *Geopressured Systems.* Sie liegen in tiefen Sedimentbecken, und daher wird ihre Nutzung derzeit

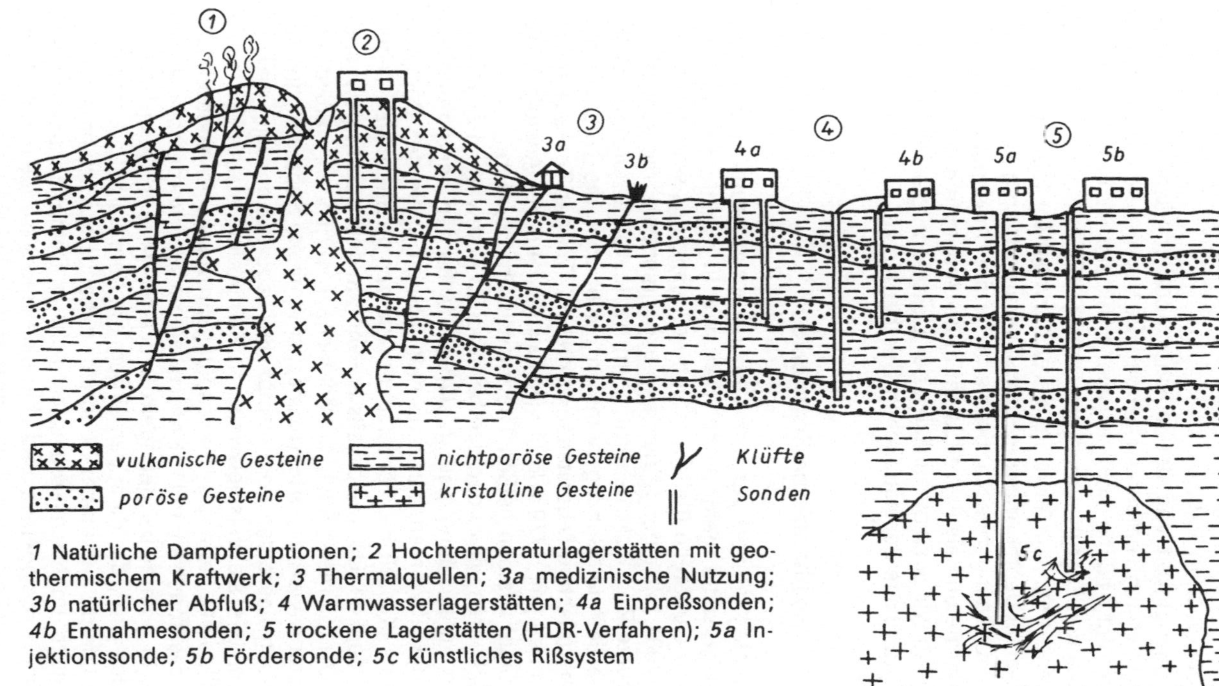

1 Natürliche Dampferuptionen; *2* Hochtemperaturlagerstätten mit geothermischem Kraftwerk; *3* Thermalquellen; *3a* medizinische Nutzung; *3b* natürlicher Abfluß; *4* Warmwasserlagerstätten; *4a* Einpreßsonden; *4b* Entnahmesonden; *5* trockene Lagerstätten (HDR-Verfahren); *5a* Injektionssonde; *5b* Fördersonde; *5c* künstliches Rißsystem

Abb. 37. Hauptvorkommen und -nutzungsmöglichkeiten geothermischer Energie (nach Meinhold)

kaum für möglich gehalten. Aus diesem Grunde fehlt ihre Darstellung auch in Abb. 37.
In Abhängigkeit von der in einer geothermischen Lagerstätte herrschenden Temperatur werden die Vorkommen aus energetischer Sicht häufig noch in solche mit starker und solche mit schwacher Energie unterteilt. Die Grenze zwischen beiden ist fließend und liegt etwa im Bereich zwischen 150 und 180 °C. Schwache geothermische Energie wird vorrangig für Heizungs- und Trocknungszwecke, die starke für die Umwandlung in Elektroenergie und als Prozeßdampf in der Industrie eingesetzt.
Wenden wir uns nun zunächst der Elektroenergieerzeugung auf der Grundlage der natürlichen Geothermie zu.

4.1. Geothermische Kraftwerke

Das erste Kraftwerk zur Umwandlung des aus einer Hochtemperaturlagerstätte geförderten Dampfes in Elektroenergie ging 1912 in Larderello (Italien) in Betrieb. Allerdings wurde dort bereits 1904 mit einer Minianlage experimentiert, die schließlich für kurze Zeit Elektroenergie zum Betrieb einer einzigen Glühlampe lieferte. Genaugenommen reicht aber die Nutzung der geothermischen Lagerstätten in diesem Teil der Toskana schon bis in das Jahr 1779 zurück. Damals gewann der Anatom Paolo Mascagni aus den heißen Thermalwässern Borsäure.
Doch kehren wir zu den geothermischen Kraftwerken zurück. In ihrem Aufbau ähneln sie in starkem Maße den herkömmlichen Wärmekraftwerken, nur muß man sich an Stelle des Dampferzeugers (Kessel) die Fördersonde aus der geothermalen Lagerstätte denken. Da, wie bereits erwähnt, in dem aus ihr gewonnenen Dampf meist auch beträchtliche Mengen an Heißwasser mitgeführt werden, erfolgt zunächst in einem Separator die Abtrennung desselben vom Dampf. Bei Lagerstätten mit Trockendampf, wie sie beispielsweise in Kalifornien anzutreffen sind, entfällt diese Stufe des Umwandlungsprozesses. Im anderen Fall wird das abgetrennte Heißwasser einem Nachverdampfer zugeführt, in dem es bei geringem Druck teilweise in Dampf umgewandelt wird, der dann gemeinsam mit dem Dampf aus der Fördersonde die mit einem Generator gekoppelte Turbine antreibt. Das auch im Nachverdampfer nicht in Dampf umgewandelte Wasser wird abgeleitet und über eine Einpreßsonde in die Lagerstätte zurückgepumpt. Kondensation und Kühlung als letzte Abschnitte des geothermalen Elektroenergieerzeugungsprozesses

Abb. 38. Das geothermische Kraftwerk Larderello Nr. 2

verlaufen wieder auf herkömmliche Weise. Daher verfügen geothermische Kraftwerke auch über die bekannten Kühltürme (Abb. 38). Das abgekühlte Thermalwasser wird schließlich ebenfalls in die Lagerstätte zurückgepreßt. Allerdings gibt es auch geothermische Kraftwerke mit einem offenen Kreislauf, d. h., bei ihnen wird das abgekühlte Thermalwasser oberirdisch abgeleitet. Der bisher vorgestellte Typ eines geothermischen Kraftwerkes ist nur dann einsetzbar, wenn der Thermaldampf lediglich geringe mineralische Beimengungen mit sich führt. Dies ist aber sehr selten der Fall. Fast alle geothermischen Vorkommen enthalten erhebliche Mengen an Alkali- und Erdalkalisalzen, manche von ihnen auch giftige Stoffe wie Arsensulfid, Schwefelwasserstoff oder Quecksilberverbindungen. Daher überwiegen geothermische Kraftwerke, in denen der Dampf aus den geothermalen Lagerstätten nicht direkt über die Turbine, sondern in einen Wärmetauscher geleitet wird. Dort gibt er seine Wärmeenergie an ein in einem Sekundärkreislauf fließendes Arbeitsmedium ab. Dieses verdampft dadurch, und der entstandene Dampf treibt nun die Turbine an. Das Kondensat aus dem Wärmetauscher wird abgezogen und über eine Sonde in die Lagerstätte verpreßt. Als Arbeitsmedium kam bisher meist Wasser zum Einsatz. In jüngster Zeit werden aber zunehmend auch nied-

rigsiedende organische Verbindungen (z. B. Freone) genutzt. Auf diese Weise können selbst Thermalwässer mit Temperaturen <100 °C, also eigentlich zur Kategorie der schwachen Energie zählende Vorkommen, für die Elektroenergieerzeugung eingesetzt werden.
Dem ersten geothermischen Kraftwerk von Larderello folgten später weitere, und im Jahre 1985 arbeiteten in 16 Staaten insgesamt 188 geothermische Kraftwerksblöcke (jeweils eine Turbine und ein Generator) mit einer elektrischen Gesamtleistung von 4760 MW (Tab. 9). Da sie fast alle in vulkanisch aktiven Gebieten

Tabelle 9. In Betrieb befindliche geothermische Kraftwerke (Stand 1985)

Land	Anzahl der Blöcke	elektrische Leistung (MW)
USA	56	2022
Philippinen	21	894
Mexiko	16	645
Italien	43	519
Japan	9	215
Neuseeland	10	167
El Salvador	3	95
Kenia	3	45
Island	5	39
Nikaragua	1	35
Indonesien	3	32
Türkei	2	20
China	12	14
UdSSR	1	11
Frankreich (Guadeloupe)	1	4
Portugal (Azoren)	1	3

Quelle: 13. Weltenergiekonferenz (Cannes, 1986)

stehen, erfordern ihr Bau und Betrieb besondere Sicherheitsvorkehrungen, liegen doch die Gebiete mit aktivem Vulkanismus bzw. relativ junger vulkanischer Tätigkeit fast ausschließlich an den Grenzen der großen tektonischen Platten, aus denen sich die Erdkruste zusammensetzt. Als Beispiel sei hier auf den sog. Feuerring des Pazifiks verwiesen, der von vulkanischen Aktivitäten, ausgehend von Süd-, Mittel- und Nordamerika über die Alëuten, Kamtschatka und Japan bis hin zu den Philippinen, Indonesien und Neuseeland, gebildet wird. Auf einer solchen Plattengrenze liegen aber auch Island und der Ostafrikanische Graben – alles Gebiete, die sich auch in Tab. 9 wiederfinden lassen. Erdbewegungen und -beben gehören dort beinahe zum alltäglichen Geschehen, und es leuchtet sicher ein, daß geothermische Kraftwerke nur dann ihren Zweck erfüllen, wenn sie trotz dieser Erscheinungen kontinuierlich Elektroenergie liefern.

Der aus einer Sonde einer geothermischen Hochtemperaturlagerstätte geförderte Dampf hat im Durchschnitt das Äquivalent einer elektrischen Leistung von 5 MW. Nun speisen zwar üblicherweise meist mehrere Sonden ihren Dampf in ein geothermisches Kraftwerk, aber dennoch sind die Blockeinheiten hier, verglichen mit denen moderner Wärme- oder Kernkraftwerke, relativ klein. Sie liegen allgemein zwischen 5 und 30 MW, lediglich das Kraftwerk The Geysers (US-Bundesstaat Kalifornien) macht da eine Ausnahme (Abb. 39). Diese mit Trockendampf ge-

Abb. 39. Das geothermische Kraftwerk The Geysers (Kalifornien)

speiste Anlage verfügt über eine elektrische Leistung von 135 MW und ist damit das derzeit größte geothermische Kraftwerk der Erde.
Angaben über die künftige Entwicklung der Leistung geothermischer Kraftwerke sollte man stets mit großer Skepsis zur Kenntnis nehmen. So wurde in Vorbereitung der UNO-Konferenz zu den erneuerbaren Energiequellen noch davon gesprochen, daß 1990 die elektrische Leistung aller dann in Betrieb befindlichen geothermischen Kraftwerke mehr als 12000 MW betragen werde. Die 13. Weltenergiekonferenz (Cannes, 1986) schätzte dann diese Entwicklung weitaus nüchterner ein, und jetzt werden für 1990 nur noch 9400 MW elektrische Leistung erwartet. Aber auch dieser Wert bedeutet eine Verdopplung der elektrischen Leistung aus dem Jahre 1985 und muß hinsichtlich seiner Realisierbarkeit angezweifelt werden. Die Korrektur innerhalb weniger Jahre hängt nicht etwa mit einem fehlenden geothermischen Potential zusammen, sondern sie wird ausschließlich von ökonomischen Gesichtspunkten hervorgerufen. Vor allem in der Fachliteratur kann man heute gelegentlich einen interessanten Meinungsstreit der Experten verfolgen. In ihm verweisen die Geologen, sicher nicht zu Unrecht, auf das vorhandene riesige geothermische Potential, mit dem sich nach ihrer Meinung eine Reihe von Energieproblemen lösen ließen. An dieses Potential legen nun die Ökonomen die Elle der Wirtschaftlichkeit und kommen so zu ganz anderen Aussagen. Einig ist man sich allerdings mittlerweile in der Feststellung, daß die Elektroenergieerzeugung auf der Grundlage geothermischer Lagerstätten, zumindest in absehbarer Zukunft, keinen spürbaren Beitrag zur Deckung des Weltenergiebedarfs leisten wird.

4.2. Wärme aus der Tiefe

Die direkte Nutzung geothermischer Heiß- und Warmwasserlagerstätten für Heizungszwecke reicht, sieht man einmal von der bereits erwähnten Beheizung antiker Wohnbauten ab, bis in die 20er Jahre unseres Jahrhunderts zurück. Zu dieser Zeit wurde in Island damit begonnen, Gewächshäuser mit Heißwasser aus geothermalen Lagerstätten zu beheizen. Etwa zehn Jahre später ging in Reykjavik die erste städtische Fernwärmeversorgung auf der Grundlage geothermischer Energie in der Welt in Betrieb. Und gegenwärtig sind mehr als die Hälfte aller isländischen Wohnhäuser an ein solches Versorgungsnetz angeschlossen.

Aber auch in einigen anderen Ländern hat der Einsatz von Thermalwässern für Heizungs- und Trocknungsprozesse bereits einen hohen Stand erreicht. So werden in Ungarn derzeit mehr als 2 Mill. m^2 Gewächshausfläche mit geothermischer Energie beheizt. Auf die zahlreichen Thermalschwimmbäder in diesem Land muß wohl nicht besonders hingewiesen werden. Ähnliche Vorhaben existieren u. a. in der UdSSR, der ČSSR und in Rumänien. Zu einem bedeutenden Nutzer der geothermischen Energie wurde in den letzten Jahren Frankreich (vgl. Tab. 10). Allein die vor einiger Zeit im Pariser Becken erschlossene Warmwasserlagerstätte hat eine Ausdehnung von rund 15 000 km^2. Ihr Thermalwasser weist eine Temperatur von 70 °C sowie einen Salzgehalt von 20 g/l auf und wird vorrangig zum Beheizen von Wohnungen eingesetzt. In den USA werden Thermalwässer ebenfalls für diesen Zweck, aber auch für Trocknungsprozesse in der Landwirtschaft und zur industriellen Fischzucht genutzt. Ähnliche Anwendungsbereiche gibt es in Japan, das derzeit den höchsten Stand in der Nutzung der Geothermie auf direktem Wege zu verzeichnen hat (Tab. 10). In dem fernöstlichen Inselreich werden Warm- und Heißwasser aus geothermischen Lagerstätten weiterhin auch in der Viehhaltung, in Sportstätten sowie zur Erzeugung von industrieller Prozeßwärme eingesetzt.

Tabelle 10. Direkte Nutzung geothermaler Heiß- und Warmwasserlagerstätten (Stand Ende 1984)

Land	Genutzter Thermalwasserstrom (kg/s)	Thermische Leistung (MW)	Bereitgestellter Wärmestrom (GW · h)
Japan	26 101	2 686	6 805
Ungarn	9 533	1 001	2 615
Island	4 579	889	5 517
UdSSR	2 735	402	1 056
China	3 540	393	1 945
USA	1 971	339	390
Frankreich	2 340	300	788
Italien	1 745	288	1 365
Rumänien	1 380	251	987
Neuseeland	559	215	1 484
Türkei	1 355	166	423
übrige Staaten	1 965	142	582
gesamt	57 803	7 072	23 957

Quelle: 13. Weltenergiekonferenz (Cannes, 1986)

Die Technologie zur direkten Nutzung der Geothermie gleicht in starkem Maße der bei den geothermischen Kraftwerken angewendeten. Auch hier werden die Vorkommen durch Sonden erschlossen, aus denen das Thermalwasser gepumpt wird. Nur in vereinzelten Fällen tritt es, bedingt durch die Druckverhältnisse in der Lagerstätte, artesisch zutage. Enthält das Thermalwasser nur geringe mineralische Beimengungen, kann es direkt in die Anwendungsanlagen eingespeist werden. Ist dies nicht der Fall, wird es in einen Wärmetauscher geleitet, wo es seine Wärmeenergie an den eigentlichen Heizkreislauf abgibt. Wie bei den geothermischen Kraftwerken, so erfolgt auch bei der direkten Nutzung der Thermalwässer anschließend meist eine Rückverpressung derselben in die Lagerstätte.
Der eben skizzierte Weg eröffnet zugleich noch eine weitere Möglichkeit zur Erschließung geothermischer Vorkommen, vor allem solcher mit geringen Temperaturen. Zusätzlich zu den Wärmetauschern, aber auch ohne sie, können nämlich in den Heizkreislauf noch Wärmepumpen installiert werden (vgl. Abb. 40). Auf die Fähigkeit dieser Aggregate, Wärmeenergie aus einem großen Reservoir auf relativ niedriger Temperaturstufe zu entnehmen und sie an ein kleineres Reservoir auf einem höheren Temperaturniveau abzugeben, wurde bereits im Abschn. 1.4. hingewiesen. Für ihren Einsatz bei der Nutzung bestimmter geothermischer Warmwasserlagerstätten bedeutet dies konkret, daß die dort vorhandene Wärmeenergie trotz ihres relativ geringen Temperaturniveaus, meist im Bereich von 40 bis 60 °C, für Heizzwecke erschlossen werden kann.
Dieser hier nur grob skizzierte Weg wird auch bei der Nutzung geothermischer Vorkommen in der DDR beschritten. Allerdings ist festzustellen, daß wegen des prinzipiell unterschiedlichen geologischen Aufbaus des Nord- und Südteils diese Methode nicht überall angewendet werden kann. Der Südteil der DDR bietet von den geologischen Bedingungen her lediglich Voraussetzungen für den Einsatz des Hot-Dry-Rock-Verfahrens (HDR-Verfahren), auf das in Abschn. 4.3. noch eingegangen wird. Im Nordteil sind dagegen entsprechende Warmwasserlagerstätten mit Temperaturen um etwa 60 °C vorhanden. In diesem Raum, konkret in Waren (Müritz), arbeitet schon seit einiger Zeit die erste geothermische Heizzentrale der DDR (Abb. 40). Sie ist nach dem sog. Zwei-Schicht-Verfahren konzipiert, d. h., für ihren Betrieb werden zwei übereinander liegende Aquifere genutzt. Die Temperaturen der Thermalwässer betragen 62 bzw. 58 °C, und der Gehalt an Mineralstoffen liegt zwischen 330 und 350 g/l. Be-

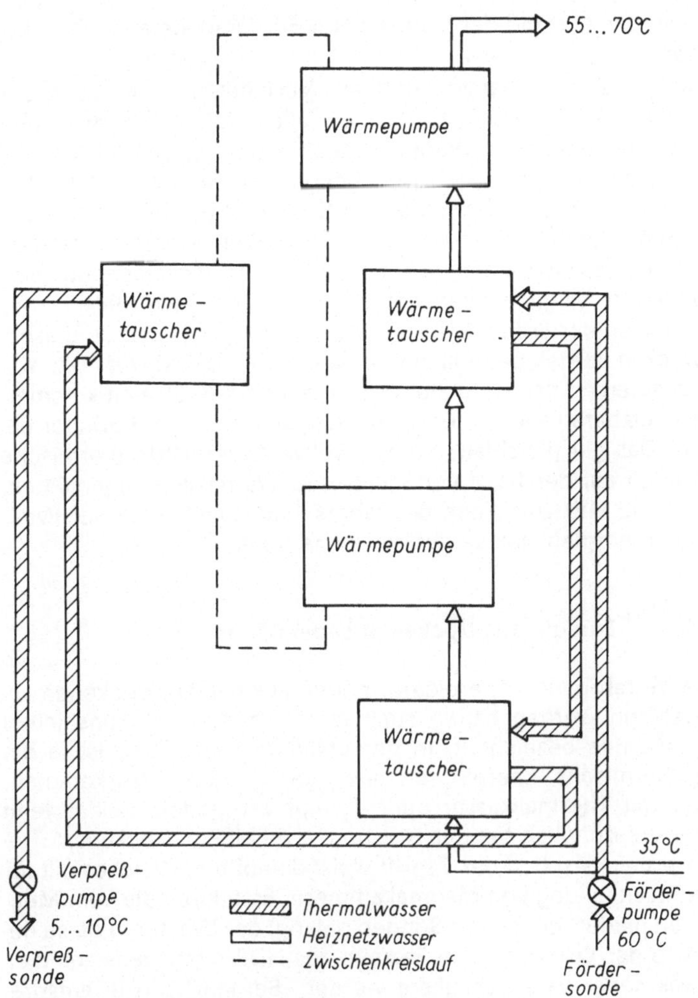

Abb. 40. Prinzipskizze der Wasserkreisläufe der geothermischen Heizzentrale Waren (nach Diener, Rockel und Bohnke)

reits während des Probebetriebes der Anlagen konnten 256 Wohnungseinheiten (WE) und eine Kinderkombination mit Heizwärme und Gebrauchswarmwasser versorgt werden. Im Endausbau werden auf diesem Wege insgesamt 1000 WE versorgt. Nach dem Verlassen der geothermischen Heizzentrale wird das bis auf Temperaturen zwischen 5 und 10 °C abgekühlte Thermalwasser wieder in die Lagerstätte verpreßt (vgl. Abb. 40),

wobei der Abstand der Verpreß- zur Fördersonde etwa 40 m beträgt.
Soweit die kurze Darstellung eines Verfahrens zur Nutzung der geothermischen Energie, das vor allem mit der Entwicklung einer hocheffektiven Wärmepumpentechnik in den letzten Jahren einen raschen Aufschwung genommen hat und auch künftig noch an Bedeutung gewinnen wird. Allerdings muß zur direkten Nutzung geothermischer Heiß- und Warmwasservorkommen generell gesagt werden, daß ihr Stand noch längst nicht den vorhandenen Möglichkeiten entspricht. So lag Ende 1984 in nur 11 Staaten der Erde die thermische Leistung aller dort zu diesem Zweck in Betrieb befindlichen Anlagen über 100 MW (s. Tab. 10). Gemessen an der Tatsache, daß in mehr als 70 Staaten kommerziell nutzbare Lagerstätten vorhanden sind, ein sehr geringer Betrag. Das gilt gleichfalls für die weltweit installierte thermische Leistung auf der Basis von Heiß- und Warmwasserlagerstätten. Mit 7 072 MW zum Ende des Jahres 1984 spielt sie in der Welt-Primärenergiebilanz so gut wie keine Rolle.

4.3. Energie aus trockenen Lagerstätten

Die Verfahren zur Energiegewinnung aus heißen, trockenen Lagerstätten werden häufig auch als Methoden der künstlichen Geothermie bezeichnet. In der üblichen Vorstellung ist ja die geothermische Energie, genauer gesagt deren Vorkommen, stets mit Thermalwasser oder -dampf verbunden. Beides fehlt aber ursprünglich bei der Nutzung von heißem, trockenem Tiefengestein – schon der Begriff weist darauf hin. Gleiches gilt für die Erschließung von Magmakammern. Erst durch die vom Menschen niedergebrachten Sonden gelangt das Wasser in diese Bereiche der Erdkruste. Am Beispiel des HDR-Verfahrens soll dies etwas näher veranschaulicht werden. Bei ihm wird in entsprechend tiefe oder aufgrund einer geringen geothermischen Tiefenstufe besonders geeignete Schichten des kristallinen Gesteins (geothermische Anomalie) zunächst eine Sonde abgeteuft. In diese wird dann kaltes Wasser unter hohem Druck gepreßt (daher wird sie auch als Injektionssonde bezeichnet), wodurch es in der angebohrten Gesteinsschicht zu Felsaufsprengungen kommt. Zur Aufrechterhaltung dieser Risse wird gelegentlich noch feinkörniger Sand durch die Injektionssonde eingebracht. In einem vorher exakt berechneten Abstand zur Injektionssonde wird eine zweite, die Fördersonde, abgeteuft (s. Abb. 37). Aus ihr

tritt das an den Bruchzonen der künstlichen Felsaufsprengung bis auf das Temperaturniveau des kristallinen Tiefengesteins erhitzte Wasser in Form von Heißwasser oder Dampf zutage und kann zur Elektroenergieerzeugung (vgl. Abschn. 4.1.) oder zu Heizzwecken (vgl. Abschn. 4.2.) genutzt werden.
Gegenwärtig existieren erst einige wenige Versuchsanlagen für dieses Verfahren, so in Kanada, wo Granitschichten in 2400 m Tiefe angebohrt wurden und Heißwasser von 80 °C gewonnen wird, und in den USA. In der Sowjetunion hat man vor einiger Zeit damit begonnen, ein geothermisches Kraftwerk auf der Basis des HDR-Verfahrens zu errichten. Dazu werden in den Karpaten (Ukrainische SSR) Sonden bis auf eine Tiefe von 4000 m abgeteuft. Das aus der Fördersonde aufsteigende Dampf-Wasser-Gemisch soll Temperaturen bis zu 200 °C erreichen und in einem geothermischen Kraftwerk von 10 MW elektrischer Leistung eingesetzt werden. Der Bau ähnlicher Anlagen ist in Tarumowka (Dagestan) sowie bei Neftjekumsk (Region Stawropol) geplant. Als weiterhin aussichtsreich gelten Gebiete um den Elbrus sowie am Aragaz (Armenische SSR). Allerdings liegen hierfür noch keine konkreten Projekte vor.
Eine weitere Möglichkeit zur Erschließung heißer, trockener Lagerstätten ist die Nutzung des Energiepotentials von sog. Magmakammern. Zwei Beispiele dafür sollen hier kurz erwähnt werden. Schon seit längerer Zeit werden am Vulkan Kilauea (Hawaii) Versuche unternommen, den nach einem Gipfelausbruch im Jahre 1959 entstandenen Iki-Lavasee zur Energiegewinnung „anzuzapfen". Über diesem See hat sich seit dem Ausbruch eine mehr als 10 m dicke Kruste gebildet, in die wiederholt Bohrungen niedergebracht wurden. Sie mußten dabei Temperaturen von mehr als 1000 °C widerstehen und dennoch betriebsfähig, d. h. offen bleiben. Nachdem dies gelang, werden nun zwei unterschiedliche Verfahren erprobt, um die Wärmeenergie der noch flüssigen Lava nutzbar zu machen. Beim ersten Verfahren soll ein geschlossener Wasserkreislauf mit einer Art Wärmetauscher in dem Magma zum Einsatz kommen. Das zweite sieht vor, das Wasser mittels einer Injektionssonde direkt in die heiße Lava zu leiten. Der dabei entstehende Dampf soll abgeführt und in einem geothermischen Kraftwerk genutzt werden. Eine industriell einsetzbare Anlage arbeitet aber am Kilauea noch nicht.
Anders sieht es dagegen auf der isländischen Insel Heimaey aus. Dort hatte sich nach einem gewaltigen Ausbruch am 23. Januar 1973 neben dem seit mehr als 5000 Jahren nicht mehr tätigen Helgafell ein neuer Vulkan gebildet, der den symbolträchtigen

Namen Eldfell (Feuerberg) erhielt. Aus ihm flossen in relativ kurzer Zeit mehr als 2 Mill. m^3 Lava, die die nur 12 km^2 große Insel beinahe völlig verwüsteten. Doch schon kurze Zeit nach Beendigung des Ausbruchs kehrten die evakuierten Bewohner zurück und besiedelten Heimaey neu. Und gewissermaßen als Entschädigung fanden sie eine riesige Energiequelle vor – in nur 30 m Tiefe herrscht noch heute auf der Insel eine Temperatur von rund 1000 °C, ist die Lava noch glühend. Dieses Reservoir wird nun auf Initiative des Geologen Horbjörn Sigurgursson zur Energieversorgung der Inselbewohner angezapft. In das Lavagestein sind Schächte gebohrt worden, in die Meereswasser gepumpt wird. Der dabei entstehende Dampf überträgt seine Wärmeenergie in einem Wärmetauscher auf einen Heizkreislauf und erhitzt das darin befindliche Wasser auf etwa 80 °C. Auf diese Weise werden Heizwärme und Warmwasser bereitgestellt.

Notwendig sind noch einige Worte zu den mit der Nutzung der Geothermie zusammenhängenden Umweltfragen. Aus dem bisherigen Betrieb der geothermischen Kraftwerke und den Verfahren zum direkten Einsatz geothermischer Heiß- und Warmwasserquellen hat sich gezeigt, daß dadurch eine Reihe von Umweltbeeinträchtigungen möglich sind, deren Folgen berücksichtigt werden müssen. Auf die in den Thermalwässern vorhandenen Schadstoffbeimengungen wurde bereits verwiesen. Weiterhin kann es durch das Pumpen der geothermischen Wässer aus den Lagerstätten zu großflächigen Bodenabsenkungen kommen. Das gilt auch für Dampflagerstätten. So betrugen die Bodenabsenkungen im neuseeländischen Wairakei-Feld zeitweise bis zu 4 cm/a. Eine Gegenmaßnahme ist zwar bis zu einem gewissen Umfang das schon erwähnte Rückverpressen der Thermalwässer bzw. der kondensierten Thermaldämpfe in das Speichergestein, ganz aufhalten läßt sich jedoch damit der Absenkungsprozeß meist nicht. Viele der geothermischen Vorkommen liegen in landschaftlich äußerst reizvollen und daher häufig auch für den Tourismus erschlossenen Gebieten, woraus sich zusätzliche Anforderungen des Landschaftsschutzes ergeben. So wird beispielsweise berichtet, daß durch die Ausbeutung von Hochtemperatur-Lagerstätten in Neuseeland die ursprünglich dort vorhandenen Geysire nach und nach ihre Aktivität einstellen bzw. nur noch sehr schwach in Erscheinung treten. Ähnliches soll sich in Kalifornien abzeichnen.

Die Aufwendungen für die notwendigen Sicherheitsmaßnahmen sowie den Landschafts- und Umweltschutz beeinflußen auch in erheblichem Maße die Kosten für die Nutzung der Geothermie.

Allgemeingültige und vergleichbare Werte liegen dafür allerdings nicht vor. Zu unterschiedlich ist die jeweilige Art der Lagerstätte. Dies betrifft u. a. ihre Tiefe und die geologischen Bedingungen in den Erdschichten darüber, von denen beispielsweise die Bohrkosten für die Sonden abhängen. Weiterhin schlagen sich die in den jeweiligen Lagerstätten vorhandenen Temperatur- und Druckbedingungen sowie die Höhe der Mineralstoffbeimengungen auf die Förderkosten nieder. Und nicht zuletzt spielen auch die Einsatzgebiete für die Erdwärme eine nicht unbedeutende Rolle. Aus allem kann der Schluß gezogen werden, daß die Kosten für die Bereitstellung von Elektroenergie, Heizwärme und Brauchwarmwasser auf geothermischer Grundlage meist deutlich über denen für eine analoge Energiebereitstellung auf der Basis fossiler Energieträger oder der Kernenergie liegen. Das erklärt auch die bereits eingangs erwähnte geringe Ausbaugeschwindigkeit für diese erneuerbare Energiequelle.

5. Energie aus der Pflanze

Mit Hilfe ihres Chlorophylls sind die Pflanzen in der Lage, aus Wasser und Kohlendioxid (CO_2) bei Vorhandensein von Licht – sprich Sonnenstrahlung – Kohlehydrate zu bilden. Sie speichern auf diese Weise in ihrer organischen Substanz, der sog. Biomasse, gewissermaßen die Sonnenenergie in Form von Kohlenstoffverbindungen. Man kann daher mit Fug und Recht sagen, daß die Blätter der höheren Pflanzen wie Solarkollektoren wirken. Sie fangen die Sonnenstrahlung auf und wandeln diese in chemische Energie in Gestalt des Pflanzenmaterials um. Dabei entsteht zunächst immer Traubenzucker:

$$6\,CO_2 + 6\,H_2O + 2\,840\ \text{kJ} \xrightarrow{\text{Chloroplasten}} C_6H_{12}O_6 + 6\,H_2O,$$

der allerdings sehr rasch zu Stärke und teilweise auch zu Fetten umgebildet oder zum Aufbau neuer Zellen genutzt wird. Der

Vollständigkeit halber sei an dieser Stelle vermerkt, daß der oben beschriebene Vorgang natürlich auch bei künstlichem Licht abläuft und daß auch die tierischen Lebewesen zur Biomasse zählen. Auf deren energetische Nutzung, die vorrangig in der Bereitstellung mechanischer Energie liegt, soll jedoch hier nicht eingegangen werden.
Eine exakte Bestimmung der alljährlich durch die Assimilationstätigkeit der Pflanzen auf der Erde fixierten Kohlenstoffmenge ist relativ schwierig, da die Biomasseproduktion räumlich und zeitlich sehr stark variiert und für die Ozeane ohnehin nur in groben Schätzungen angegeben werden kann. Demzufolge schwankt auch die in der Fachliteratur errechnete Kohlenstoffmenge zwischen 0,64 und $1{,}08 \cdot 10^{11}$ t. Das entspricht etwa einer Energiemenge von $2 \cdot 10^{12}$ GJ. (Zum Vergleich: der Primärenergieverbrauch der Welt betrug in den letzten Jahren jeweils nur etwa ein Zehntel dieses Wertes.)
Angesichts dieses gewaltigen Potentials ist es verständlicherweise eine verlockende Idee, wirtschaftlich günstige Verfahren zu schaffen, um diesen Energiespeicher, der ja laufend wieder gefüllt wird, anzuzapfen. In gewissem Umfang geschieht das auch bereits. So nutzt der Mensch derzeit rund 2 % der jährlich erzeugten Biomasse als Nahrungsmittel, und noch einmal der gleiche Betrag wird in Form von Holz als Industrierohstoff für die Herstellung der unterschiedlichsten Produkte verwendet. Erinnert sei auch an die Pflanzenfasern wie Baumwolle, Flachs und Lein sowie an Ölfrüchte und -saaten und andere landwirtschaftliche Produkte, die ebenfalls in der Industrie verarbeitet werden. Dennoch verbleibt ein beträchtlicher „Rest", der für energetische Zwecke genutzt werden könnte. Zum Teil ist dies bereits der Fall. Laut Angaben der UNO werden derzeit zwischen 6 und 13 % des Welt-Primärenergiebedarfs durch die Nutzung von Biomasse gedeckt. Allerdings spielt sie in den Industrieländern nur eine untergeordnete Rolle. So beträgt ihr Anteil an der Primärenergiebilanz der UdSSR und der USA jeweils nur 3 % . In Großbritannien und der BRD sind es sogar nur 2,5 %. Ganz anders ist dagegen die Situation in den Entwicklungsländern. Hier deckt die Biomasse häufig mehr als neun Zehntel des gesamten Energiebedarfs, wobei das Brennholz als Energieträger an erster Stelle steht (vgl. Abschn. 5.1.).
Ihrer Herkunft nach kann die energetisch einsetzbare Biomasse unterschieden werden in
– land- und forstwirtschaftliche Abfälle wie Stroh, Stallmist oder Abfallholz

- natürlich gewachsene, grünmassereiche Pflanzen wie Schilf, Bäume und Sträucher oder Wasserhyazinthen
- stark kohlehydrathaltige bzw. grünmassereiche Pflanzen, die speziell in sog. Energiefarmen angebaut werden; hierzu zählen u. a. Zuckerrohr, Getreide, Kartoffeln und Maniok. Möglich ist auch die Zucht von Algen und Wasserpflanzen in entsprechenden Gewässern oder Meeresgebieten.
- ölhaltige Kulturpflanzen wie Raps, Sonnenblumen oder Ölpalmen sowie gezielter Anbau von Wildpflanzen, die Kohlenwasserstoffe produzieren; hierzu zählen u. a. der Gummibaum und einige Arten aus der Familie der Wolfsmilchgewächse.

Eine gewisse Sonderstellung nimmt der Hausmüll ein, dessen organische Bestandteile ebenfalls zur Biomasse gerechnet werden müssen. Auf seine Nutzungsmöglichkeiten wird im Abschn. 5.4. eingegangen.

Bei der vorstehend aufgezeigten Vielfalt der einsetzbaren Biomasse ist es sicher nicht verwunderlich, daß auch die Verfahren zu ihrer Umwandlung und die dabei erzeugten Energieträger bzw. -formen sehr unterschiedlich sind. In Abb. 41 wird der Ver-

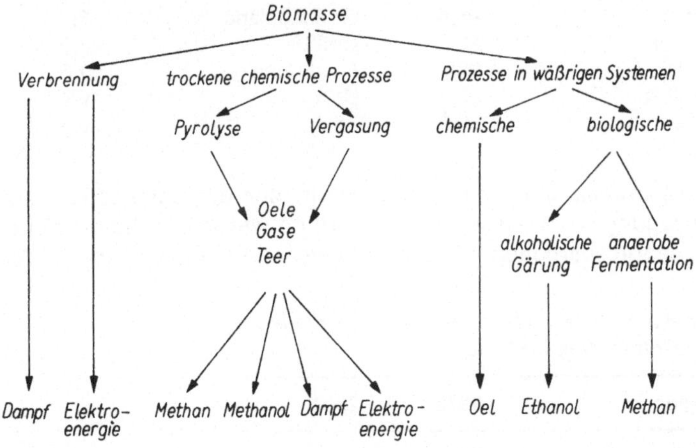

Abb. 41. Übersicht der Verfahren zur energetischen Nutzung von Biomasse

such unternommen, diese Mannigfaltigkeit etwas zu systematisieren. Davon ausgehend werden in den folgenden Abschnitten die bekanntesten Umwandlungsmöglichkeiten für Biomasse näher erläutert.

5.1. Die Verbrennung von Biomasse

Das einfachste und verbreitetste Verfahren zur energetischen Nutzung von Biomasse ist deren Verbrennung. Bei diesem Vorgang wird die Biomasse durch thermische Einwirkung bei Temperaturen von etwa 600 °C zersetzt, wobei die chemisch gebundene Energie in Form von Wärme frei wird und der Kohlenstoff vorrangig zu CO_2 oxydiert. Besonders geeignet für die Verbrennung ist trockene, verholzte Biomasse bzw. das Holz selbst. Sein Heizwert beträgt im luftgetrockneten Zustand rund 15 500 kJ/kg. Holz – und damit Biomasse – war der erste und über Jahrtausende hinweg auch einzige Energieträger, dessen sich der Mensch bediente. Und selbst in unseren Tagen hat das Brennholz für weite Teile der Welt noch immer eine ganz erhebliche Bedeutung (Tab. 11). Vor allem in den Ländern der Dritten Welt

Tabelle 11. Anteil des Brennholzes am Gesamtenergieverbrauch ausgewählter Länder (%) (Stand 1980)

Tansania	96,0	Finnland	14,6
Nepal	95,8	Griechenland	8,7
Nigeria	90,6	UdSSR	3,6
Kenia	90,2	Frankreich	1,5
Brasilien	58,1	USA	0,4
Indien	30,3	BRD	0,3

ist es oftmals der einzige Brennstoff, der der Bevölkerung zur Verfügung steht. Zu seiner Beschaffung werden häufig die ohnehin schon spärlichen Wälder noch weiter abgeholzt (Tab. 12). Als

Tabelle 12. Entwicklung der Waldbestände in der Dritten Welt (Mill. ha)

Region	1978	2000
Lateinamerika	550	329
Afrika	188	150
Asien	361	181

Folge davon kommt es zu drastischen Veränderungen der natürlichen Umwelt, zu Versteppung und Bodenerosion. Als Beispiel sei hier Nepal genannt, wo infolge der übermäßigen Abholzung der Wälder, u.a. zur Deckung des Brennstoffbedarfs, in den letz-

ten beiden Jahrzehnten ein Rückgang der nutzbaren Ackerfläche um mehr als die Hälfte zu verzeichnen war. Um derartigen Auswirkungen zu begegnen, orientieren in den betroffenen Ländern Regierungsprogramme u. a. auf eine rasche Wiederaufforstung der Kahlflächen mit schnellwachsenden Gehölzen und die Erschließung anderer Energiequellen, wobei insbesondere Verfahren zur Nutzung der Sonnen- und Windenergie sowie die Biogaserzeugung im Mittelpunkt stehen.
Wesentlich anders ist dagegen die Situation in den entwickelten Industriestaaten. Angesichts der dort jährlich in beträchtlichen Mengen anfallenden land- und forstwirtschaftlichen Reststoffe wie Getreidestroh, Kartoffelkraut, Rinde, Sägemehl u. a. (Tab. 13)

Tabelle 13. Nutzbares Energiepotential aus Rest- und Abfallstoffen der Land- und Forstwirtschaft sowie der holzverarbeitenden Industrie in ausgewählten Ländern pro Jahr (Mill. t Rohöläquivalent)

Land	Landwirtschaft	Forstwirtschaft und holzverarbeitende Industrie
Kanada	4,1	32,1
USA	25,2	68,5
Japan	1,6	6,7
Australien	...	3,1
Frankreich	7,6	6,1
BRD	3,8	6,2
Griechenland	1,0	0,6
Spanien	4,7	2,4
Schweiz	0,3	0,9
Türkei	6,9	5,9
Großbritannien	2,6	0,9

wurden insbesondere in jüngster Zeit Wege zur energetischen Nutzung dieses Potentials gesucht. Die Verbrennung in speziellen Feuerungsanlagen, die sich hinsichtlich ihrer Technologie nur wenig von denen für fossile feste Brennstoffe unterscheiden, steht dabei im Mittelpunkt. In diesem Zusammenhang sei daran erinnert, daß alle unsere fossilen Energieträger – sieht man einmal davon ab, daß es auch Theorien für eine nichtorganische Entstehung von Erdöl und Erdgas gibt – das Ergebnis der Assimilationstätigkeit von Pflanzen und pflanzenähnlichen Mikroorganismen sind, die vor Jahrmillionen lebten.
Gegenwärtig existieren u. a. in Österreich und der BRD, aber auch in Finnland und der UdSSR mehrere kleine Heiz- und Heiz-

kraftwerke, die mit Stroh, Rinde oder Abfallholz gefeuert werden. Ihnen vorgelagert sind meist Aufbereitungsanlagen zur Trocknung, Schnitzelung, Pelletierung oder Brikettierung der einzusetzenden Biomasse. In Schweden werden auf diesem Wege nicht nur land- und forstwirtschaftliche Abfälle in Heizwärme und Elektroenergie umgewandelt, sondern auch große Mengen des im Lande auf einer Fläche von mehr als 100000 ha wachsenden Schilfs. Es wird nach dem Trocknen zu Pulver vermahlen und in Staubfeuerungen eingesetzt. Ähnliche Beispiele ließen sich noch für eine Reihe weiterer Staaten nennen. Ganz allgemein kann festgestellt werden, daß die direkte Verbrennung von Biomasse derzeit der bedeutendste Weg zu ihrer energetischen Nutzung ist. Die Wirtschaftlichkeit dieses Prozesses wird in entscheidendem Maße von den Kosten für das Erfassen und Aufbereiten der Einsatzstoffe bestimmt. Daher werden derartige Anlagen meist unmittelbar in land- und forstwirtschaftlichen Einrichtungen, d. h. in der Nähe des Anfallortes der Biomasse, betrieben; sie decken den Energiebedarf der betreffenden Betriebe zu einem Teil.

5.2. Trockene chemische Umwandlungsprozesse

Eine weitere Möglichkeit, aus Holz bzw. zellulosehaltiger Biomasse nutzbare Energieträger zu gewinnen, ist deren chemische Umwandlung durch Temperatureinwirkung. Da diese Prozesse in Abwesenheit von Wasser ablaufen, spricht man auch von trockenen chemischen Umwandlungsprozessen. Die dafür eingesetzten Technologien ähneln in starkem Maße denen für fossile Energieträger, so daß auf eine detaillierte technische Darstellung an dieser Stelle verzichtet werden kann.

5.2.1. Pyrolyse

Bei der Pyrolyse werden die komplexen chemischen Strukturen der Biomasse unter Luftabschluß und bei Temperaturen zwischen 500 und 900 °C in entsprechenden Reaktoren aufgebrochen und zu einfachen Verbindungen abgebaut. Im Ergebnis dieses Prozesses fällt als Hauptprodukt Holzkohle und daneben ein Schwachgas, bestehend aus Kohlenmonoxid (CO), Kohlendioxid (CO_2), Wasserstoff (H_2) und Stickstoff (N_2), sowie einige flüssige Produkte an. Bei der Holzkohle handelt es sich bekanntermaßen um einen hochwertigen Energieträger, der für die unterschiedlichsten Zwecke eingesetzt werden kann. Seine Erzeugung ist das vorrangige Ziel der Pyrolyse. Das erzeugte Schwachgas läßt sich u. a. in entsprechenden Feuerungsanlagen oder Motoren zur Erzeugung von Wärme und Elektroenergie einsetzen, häufig wird es aber weiter zu Methanol (CH_3OH) verarbeitet. Dazu wird es nach der Gasreinigung komprimiert und im erhitzten Zustand einem Methanolreaktor zugeführt. In diesem erfolgt dann in Gegenwart eines Katalysators – meist auf der Basis von Kupfer, Zinkoxid oder Chromoxid hergestellt – die Umsetzung zu Methanol nach den Gleichungen

$$CO + 2H_2 \rightarrow CH_3OH,$$
$$CO_2 + 3H_2 \rightarrow CH_3OH + H_2O.$$

Nach anschließender Destillation kann dieser sehr giftige Stoff entweder für eine weitere Verarbeitung in der chemischen Industrie genutzt oder aber dem herkömmlichen Benzin für Antriebszwecke zugemischt werden. Entsprechende Versuche für diesen Einsatz des Methanols wurden bereits vor Jahren mit Erfolg durchgeführt, so u. a. in Westberlin, wo 1982 der Motorentreibstoff „M 15“ auf den Markt gebracht wurde, der zu 15 % aus Methanol bestand.

5.2.2. Vergasung

Ähnlich wie bei der eben beschriebenen Pyrolyse kommt auch bei der Vergasung von Biomasse vorrangig stückiges Holz zum Einsatz. Daneben eignen sich für dieses Umwandlungsverfahren, das in der Kohleveredlung sehr verbreitet ist, auch Holzhackschnitzel, Stroh, Rinde, Sägespäne oder Schalen und Hülsen von Kulturpflanzen (Kokosnüsse, Erdnüsse u. a.). Die thermische Zersetzung der Biomasse erfolgt bei Temperaturen zwischen 800 und 1 000 °C in Anwesenheit eines Vergasungsmittels. Dafür werden Luft bzw. Sauerstoff sowie Wasserdampf (hydrierende Vergasung) verwendet. Durch den Vergasungsprozeß, der in speziellen Reaktoren teilweise unter Druck abläuft, entsteht ein Synthesegas, das sich aus CO, H_2, CO_2, Methan (CH_4) und N_2 zusammensetzt. Aufgrund des Methangehaltes hat es einen höheren Heizwert als das bei der Pyrolyse anfallende Schwachgas und wird überwiegend in der chemischen Industrie als Rohstoff eingesetzt. Daneben wird es aber auch zur Bereitstellung von Elektroenergie und Wärme genutzt.

Eine interessante Einsatzvariante des Verfahrens zur Vergasung von Biomasse sind mobile und stationäre Antriebe auf seiner Grundlage. Vor allem in den ersten Nachkriegsjahren ratterten auch über die Straßen unseres Landes die sog. Holzgaser-Lastkraftwagen. Bei ihnen war auf der Ladefläche, meist hinter dem Fahrerhaus, ein kleiner Vergasungsreaktor montiert. Gleich daneben lagerte der „Treibstoff" in Form von klobigen Holzscheiten. Nach einiger Anheizzeit lieferte der Vergasungsreaktor das Antriebsgas für den Motor. Es gab in jener Zeit sogar Personenkraftwagen, die mit einem Holzgaser-Antrieb fuhren, und auch als stationäre Antriebsaggregate für Maschinen und Vorrichtungen kamen derartige Anlagen zum Einsatz. Gerade in jüngster Zeit erlebt diese Möglichkeit der energetischen Nutzung von Biomasse in einigen Ländern eine kleine Renaissance.

5.3. Umwandlungsverfahren in wäßrigen Systemen

Im Gegensatz zu den bisher geschilderten trockenen chemischen Verfahren wird bei einer weiteren Form der Energiegewinnung aus Pflanzen vorwiegend deren frische Grünmasse eingesetzt, bzw. für den Ablauf des Umwandlungsprozesses ist die Anwesenheit von Wasser unerläßlich. Hinsichtlich ihrer Bedeutung rangiert diese Möglichkeit der energetischen Nutzung von Biomasse gleich nach der Verbrennung. Die dafür eingesetzten Technologien sind meist schon seit Jahrzehnten erprobt und haben in zahlreichen Ländern eine weite Verbreitung gefunden.

5.3.1. Biogas – Energie aus dem Stall

Die Biogaserzeugung beruht auf der anaeroben Fermentation organischer Substanz, d.h. auf deren Umsetzung durch methanbildende Mikroorganismen in Abwesenheit von Sauerstoff. Es handelt sich dabei um die gezielte Ausnutzung eines Vorgangs, der an vielen Stellen in der freien Natur ohne Zutun des Menschen abläuft. So leben Methanbakterien u.a. in Sümpfen und Mooren und zersetzen dort die abgestorbenen organischen Substanzen. Als Stoffwechselprodukt entsteht das brennbare Sumpfgas. Durch Wärmeeinwirkung von außen kann es sich gelegentlich entzünden und brennt dann mit unruhiger bläulicher Flamme. In früheren Zeiten spielten diese häufig als Irrlichter bezeichneten Erscheinungen eine Rolle in Spuk- und Geistergeschichten.

Methanbildende Mikroorganismen sind aber auch ein wesentlicher Bestandteil der Pansenflora von Wiederkäuern und kommen in tierischen und menschlichen Exkrementen vor. Dieser Umstand wird in einigen asiatischen Ländern schon seit längerem zur gezielten Gewinnung eines brennbaren Gases aus dem Dung der Haustiere und anderen organischen Abfällen genutzt. Besonders in China und in Indien arbeiten derzeit bereits mehrere Millionen einfacher sog. Gobar-Anlagen (Abb. 42), von de-

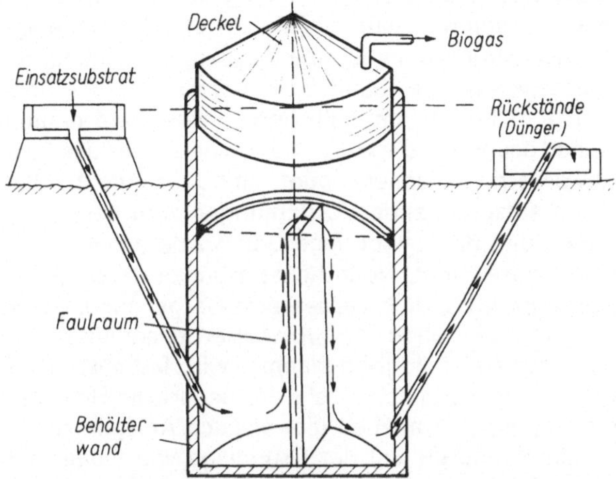

Abb. 42. Stark vereinfachtes Schema einer Gobar-Anlage

nen die ersten schon in der Mitte des vorigen Jahrhunderts in Betrieb genommen wurden. Sie bestehen aus einer in zwei Kammern unterteilten gemauerten oder betonierten Grube, dem Faulraum, über den ein Stahldeckel gestülpt wird. Dieser hat zum einen die Aufgabe, das organische Material von der Außenluft und dem Tageslicht zu isolieren, zum anderen fungiert er als Gassammler und enthält die Vorrichtungen für die Gasentnahme. In dem dunklen und wässrigen Milieu des Faulraumes vermehren sich die im Einsatzsubstrat enthaltenen Methanbakterien recht gut, wobei das subtropische Klima der betreffenden Länder die dafür erforderliche Temperatur liefert. Während des Umsetzungsprozesses, der mehr als drei Wochen dauern kann, steigen die festen Bestandteile des organischen Materials in der ersten Kammer des Faulraumes nach oben und gelangen so in die zweite Kammer. Dort sinken sie nach Beendigung der Gasbildung zum Kammerboden, von wo eine kontinuierliche Abführung der Rückstände vorgenommen wird (s. Abb. 42).

Sind die Gobar-Anlagen vor allem ein Ergebnis langjähriger Erfahrungen und empirischer Beobachtungen, so entstanden die modernen industriellen Biogasreaktoren als Ergebnis intensiver Forschungs- und Entwicklungsarbeit. Erste wissenschaftliche Grundlagen über die Natur des Sumpfgases und die bei seiner Bildung ablaufenden Vorgänge lieferten im 18. und 19. Jahrhundert u. a. Alessandro Volta und Louis Pasteur. 1888 verbrannte der französische Chemiker Gayon vor der Societé des Scienses in Bordeaux ein Gas, das durch die Gärung von Stalldung und Wasser erzeugt worden war. Nur ein Jahr später gab es im englischen Exter sogar vorübergehend eine Straßenbeleuchtung, die mit Biogas betrieben wurde. Schließlich entwickelte der deutsche Ingenieur Karl Imhoff um 1900 herum eine erste brauchbare technische Lösung für die Gewinnung von Biogas aus kommunalen Abwässern (Emscher- oder Imhoffbrunnen). Bald darauf gehörten entsprechende Vorrichtungen zum Bestandteil von Kläranlagen, und das gewonnene Gas wurde damals allgemein als Klärgas bezeichnet. Noch heute arbeiten derartige, inzwischen allerdings wesentlich verbesserte Gasgewinnungsvorrichtungen in den Betrieben der Abwasserbehandlung. Das erzeugte Gas – jetzt meist Biogas genannt – wird fast ausschließlich dort selbst zur Deckung eines Teils des Bedarfs an Heiz- und Prozeßwärme eingesetzt. Daneben gibt es auch Anlagen zur Erzeugung von Elektroenergie auf der Grundlage von Biogas mittels Gasmotoren-Generator-Einheiten und Vorhaben zu dessen Einsatz in Otto- und Dieselmotoren für Transportzwecke.
Nicht ganz so erfolgreich verliefen anfangs die praktischen Versuche zur Erzeugung von Biogas aus Stalldung (Gülle). Hier galt es, zunächst eine Reihe schwerwiegender verfahrenstechnischer Probleme zu lösen, ehe vor etwa zwei Jahrzehnten der große Durchbruch gelang und die ersten industriellen Biogasanlagen in der Landwirtschaft in Betrieb genommen werden konnten. Es handelt sich dabei um ein- oder mehrstufige Reaktoren, in denen Rührwerke oder andere Vorrichtungen für eine ständige gute Durchmischung des Einsatzgutes sorgen (vgl. Abb. 43). Das ist vor allem deshalb erforderlich, weil die Ausbeute an Biogas wesentlich von der Oberfläche abhängt, die den Methanbakterien für den Stoffwechselprozeß zur Verfügung steht. Weiterhin wird in den Reaktoren die eingesetzte organische Substanz mit entsprechenden Bakterien bzw. mit Faulgut angeimpft und das für den Umwandlungsprozeß optimale Milieu eingestellt. Dazu zählen neben der bereits erwähnten Abwesenheit von Licht und Sauerstoff ein *p*H-Wert von 6,7 bis 8,0 sowie eine kon-

stante Temperatur im Bereich zwischen 15 und 55 °C. Innerhalb dieses Bereiches werden auf drei verschiedenen Temperaturebenen spezielle Bakterienstämme aktiv. Man bezeichnet sie bei Temperaturen

- um 15 °C als psychrophil
- um 35 °C als mesophil
- um 55 °C als thermophil.

Von Bedeutung für die industrielle Biogaserzeugung sind vor allem mesophile und thermophile Bakterienstämme, wobei die Umwandlung im mesophilen Bereich als Normalprozeß angesehen wird. Um den Mikroorganismen unter den gemäßigten Klimabedingungen Europas die optimalen Bedingungen für ihr Wachstum zu gewährleisten, sind moderne Biogasanlagen stets mit einer entsprechenden Beheizung ausgerüstet. Dies ist auch deshalb unbedingt erforderlich, weil die Methanbakterien selbst auf geringfügige Milieuveränderungen, also auch Temperaturschwankungen in der eingesetzten Gülle, mit einem verringerten Wachstum, d.h. mit einer reduzierten Biogasproduktion, reagieren. Als Brennstoff für die Bereitstellung der erforderlichen Prozeßwärme wird meist ein Teil des erzeugten Biogases genutzt. Hinsichtlich des Energieverbrauchs für die Beheizung gilt die Faustregel, daß sein prozentualer Anteil an der in der Anlage erzeugten Gesamtenergiemenge annähernd mit der jeweiligen Prozeßtemperatur übereinstimmt, d. h., beim Normalprozeß werden rund 35 % der umgewandelten Energiemenge zur Aufrechterhaltung der optimalen Prozeßbedingungen in den Reaktoren benötigt.

Der Umwandlungsprozeß des organischen Materials in Biogas läuft unter Normaldruck in drei Stufen ab:

- Das feste organische Material wird durch hydrolytische Mikroorganismen in eine lösliche Form überführt;
- von fermentativen und acetogenen Mikroorganismen werden diese löslichen Substanzen in organische Säuren (u.a. Propansäure, Essigsäure und Buttersäure) sowie Alkohole umgewandelt;
- Methanbakterien setzen die Fettsäuren und Alkohole zu einem Gasgemisch um, das in Abhängigkeit vom eingesetzten Substrat, insbesondere von dessen Gehalt an organischer Trokkensubstanz, und der Prozeßführung zwischen 50 und 70 % aus CH_4 und 30 bis 50 % aus CO_2 besteht.

Die Umsetzungsgeschwindigkeit der organischen Substanz zu Biogas wird ebenfalls in hohem Maße von der konkreten Beschaffenheit der Gülle und der Prozeßtemperatur bestimmt. Sie

beträgt im mesophilen Bereich etwa 20 bis 30 Tage, wobei in neueren Anlagen auch schon Verweilzeiten erzielt werden, die deutlich darunter liegen. Beim Wirken thermophiler Mikroorganismen dauert die Umsetzung etwa 15 bis 18 Tage.
Das als Stoffwechselprodukt der Methanbakterien anfallende Gas hat einen Heizwert zwischen 19000 und 23000 kJ/m³. Pro Tonne organischer Trockensubstanz wird heute mit einer Gasausbeute von 300 bis 400 m³ gerechnet. Wie bereits erwähnt, kann Biogas zur Bereitstellung von Heiz- und Prozeßwärme sowie zur Warmwasserbereitung genutzt werden. Möglich ist aber auch sein Einsatz zur Elektroenergieerzeugung in Blockheizkraftwerken (Gasmotoren mit gekoppeltem Generator und Abwärmenutzung). In diesem Falle können Umwandlungswirkungsgrade bis zu etwa 80% erreicht werden. Der als Rückstand der Biogaserzeugung anfallende Faulschlamm – er macht etwa 40% der Ausgangsmasse aus – eignet sich wegen seines hohen Stickstoff- und Phosphatgehaltes hervorragend als Dünger. Er läßt sich aber auch für die Herstellung von Viehfutter verwenden.
Welche Bedeutung die Biogaserzeugung für die Energieversorgung in Entwicklungsländern hat bzw. haben könnte, zeigt wohl am eindrucksvollsten das Beispiel Indiens. Experten der UNO haben errechnet, daß hier alljährlich rund 800 Mill. t Dung anfallen, eine Menge, die, eingesetzt in Gobar-Anlagen, ausreichen würde, um die Gasversorgung von etwa 300 Mill. Menschen in den ländlichen Gebieten des Subkontinents zu sichern. Derzeit wird aber noch die Hälfte davon auf weitaus weniger effektive Weise energetisch genutzt: der Dung wird an der Luft getrocknet und anschließend als Heizmaterial verwendet.
Auch in Indiens Nachbarland Nepal widmet man der Erzeugung und dem Einsatz von Biogas zunehmende Aufmerksamkeit. Verglichen mit anderen in dem Himalaja-Königreich traditionell genutzten Energieträgern wie Brennholz und Holzkohle sowie der Elektroenergie aus Kleinstwasserkraftwerken, stellt die Biogaserzeugung das wirtschaftlich günstigste Verfahren zur Sicherung der Energieversorgung für die Bevölkerung des Landes dar. Abgesehen davon leidet Nepal permanent unter Energieträgermangel, so daß das Biogas hier eine wirksame Abhilfe schaffen könnte. Bereits vor Jahren wurde daher in der nepalesischen Hauptstadt Katmandu eine öffentliche Toiletteneinrichtung in Betrieb genommen, die mit einer Biogasanlage gekoppelt ist. In ihr werden täglich Fäkalien von rund 1000 Menschen zur Erzeugung von Biogas genutzt. Ähnliche Anlagen sowie Biogasreaktoren für Rindergülle und Molke folgten an weiteren Standorten.

Schließlich sei noch auf China als Land mit einer traditionellen Biogasnutzung verwiesen. Gegenwärtig sind dort mehr als 7 Mill. Biogasanlagen unterschiedlicher Größe in Betrieb. Die von ihnen jährlich erzeugte Gasmenge entspricht einem Äquivalent von rund 100 Mill. t Steinkohle.
Aber auch in den industrialisierten Staaten Europas sind Biogasanlagen heute keine Seltenheit mehr. So werden in der Schweiz derzeit mehr als 100 Biogasanlagen betrieben, in denen hauptsächlich Rindergülle eingesetzt wird. In ähnlichem Umfang existieren Biogasanlagen auch in Österreich, Italien und der BRD. Einige Projekte, mit denen sich Forschungseinrichtungen in den USA und Australien befassen, sehen als Einsatzmaterial für Biogasanlagen u. a. Wasserhyazinthen vor, die in großen Mengen auf Seen und langsam fließenden Gewässern in subtropischen Ländern bzw. Gebieten gedeihen. Vor einiger Zeit wurde auch an einem Vorhaben gearbeitet, das die künstliche Aufzucht von Braunalgen und deren Einsatz in Biogasanlagen vorsah. Allerdings ist es in diesem Falle bisher zu keiner konkreten Realisierung einer entsprechenden Anlage gekommen.
In der DDR wurden neben den vorhandenen Anlagen in Betrieben der Abwasserbehandlung bereits vor mehr als 35 Jahren u. a. in Gundorf bei Leipzig und in Potsdam-Bornim erste Versuchsanlagen zur Biogaserzeugung auf der Basis von Gülle in Betrieb genommen. Sie waren jeweils für 200 Großvieheinheiten (1 GVE entspricht 500 kg Lebendgewicht ≙ 1 Rind) ausgelegt. Allerdings wurden sie bereits wenige Jahre später wegen der bereits erwähnten technischen Schwierigkeiten und den Problemen der Wirtschaftlichkeit, bedingt durch die damals noch vorherrschende einzelbäuerliche Produktionsweise, wieder außer Betrieb gesetzt. Erst mit dem umfassenden Übergang zur industriemäßigen Tierproduktion und zu dem damit verbundenen kontinuierlichen Anfall großer Güllemengen an einem Ort stellte sich die Frage nach der energetischen Nutzung dieses Potentials erneut, zumal damit zugleich auch Probleme des Umweltschutzes gelöst werden können. Immerhin verfügt die DDR über einen Tierbestand von rund 6 Mill. GVE. Legt man eine tägliche Biogasausbeute von nur 1,0 m^3/GVE zugrunde, so ergibt sich daraus eine mögliche jährliche Biogasproduktion von etwa 2,2 Mrd. m^3. Neben Gülle können in den Biogasanlagen aber auch andere in der Landwirtschaft anfallende organische Substanzen wie Silosickersäfte, Schlempen, Molke oder pflanzliche Abfälle mit hohem Feuchtigkeitsgehalt effektiv eingesetzt werden (Tab. 14).

Tabelle 14. Höhe der Biogasausbeute verschiedener landwirtschaftlicher Abfälle

Menge	Art	Biogasmenge (m^3)	daraus erzeugbare Elektroenergie (kW · h)
1 kg	Rübenblätter	0,6	1,2
1 kg	Stroh	0,5	1,0
1 m^3	Melasseschlempe	12,0	24,3
1 m^3	Kornschlempe	15,0	30,3

In den vergangenen zehn Jahren wurden daher die Forschungs- und Entwicklungsarbeiten auf dem Gebiet der Biogaserzeugung in der DDR in verstärktem Maße fortgesetzt und verschiedene technologische Lösungen geschaffen. Im Dezember 1982 ging in Vippachedelhausen (Bez. Erfurt) die erste großtechnische Biogasanlage im Bereich der Landwirtschaft in Betrieb. Ihr Bioreaktor besteht aus einem zylindrischen Betonkörper mit einer Stahlabdeckung und faßt 500 m^3. Die eingesetzte Mischgülle (Rind, Schwein, Hühner) wird im mesophilen Bereich umgewandelt. Auf die landbautypischen Güllestapelbecken stützt sich das BGR-3600-Verfahren (Abb. 43), in dessen fünf 20 m langen Fermentor-

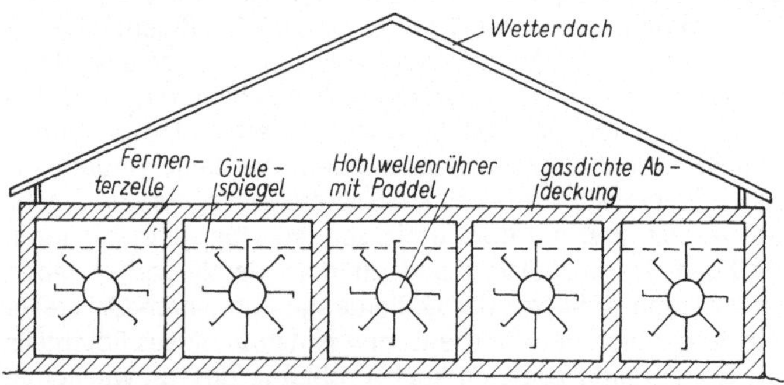

Abb. 43. Vereinfachter Schnitt durch einen Fermentor des BGR-3600-Verfahrens (nach Engshuber)

zellen jeweils eine horizontale Hohlwelle installiert ist, die mit ½ U/min rotiert und für eine gute Durchmischung des Substrats sorgt. Schließlich sei noch der von der AdW der DDR entwickelte Hochleistungsreaktor erwähnt, der im thermophilen Bereich arbeitet und bei einer Verweilzeit von unter 10 Tagen auf der Basis von Rindergülle eine tägliche Gasausbeute von 1,7 m^3

Abb. 44. Die Biogasanlage von Nordhausen mit einer Jahreskapazität von 3,5 Mill. m^3 Biogas

Biogas/m^3 Reaktorvolumen ermöglicht. Nach diesem Verfahren arbeitet die größte und bekannteste Biogasanlage der DDR. Sie steht in der Nähe von Nordhausen (Abb. 44).

Zu all diesen Vorhaben ist zu sagen, daß das erzeugte Biogas in dem betreffenden Komplex selbst verwendet bzw. in andere Energieträger umgewandelt werden muß. Eine Speicherung oder Fortleitung dieses Energieträgers zu anderen Nutzern erweist sich nicht als wirtschaftlich. Biogas wird daher auch künftig vor allem für eine zusätzliche Energiebereitstellung in landwirtschaftlichen Großbetrieben (Rinder- und Schweinemast sowie Jungtieraufzucht) zur Brauchwarmwasserbereitung (Tierpflege) und zur Erzeugung von Prozeßwärme (Futterherstellung) zum Einsatz kommen. Wirtschaftliche Gesichtspunkte werden letztendlich auch darüber entscheiden, bis zu welchem Umfang das eben genannte vorhandene Potential tatsächlich ausgeschöpft werden kann.

5.3.2. *Alkohol im Tank – Ethanol als Treibstoff*

Gerade in jüngster Zeit häufen sich Meldungen aus den verschiedensten Ländern, in denen über Projekte zur Gewinnung flüssiger Energieträger aus Biomasse berichtet wird. Gemeint ist dabei meist das bekannte Verfahren zur Ethanolherstellung, bei dem vorwiegend zucker- und stärkehaltige Pflanzen wie Zuckerrohr, Mais und andere Getreidearten bzw. Kartoffeln und Maniok, eine tropische Knollenfrucht, zum Einsatz gelangen. Nach entsprechender Vorbehandlung eignet sich aber auch zellulosehaltiges Pflanzenmaterial wie Stroh und Holz. Während bei den zuckerhaltigen Pflanzen lediglich eine Extraktion des Zuckers er-

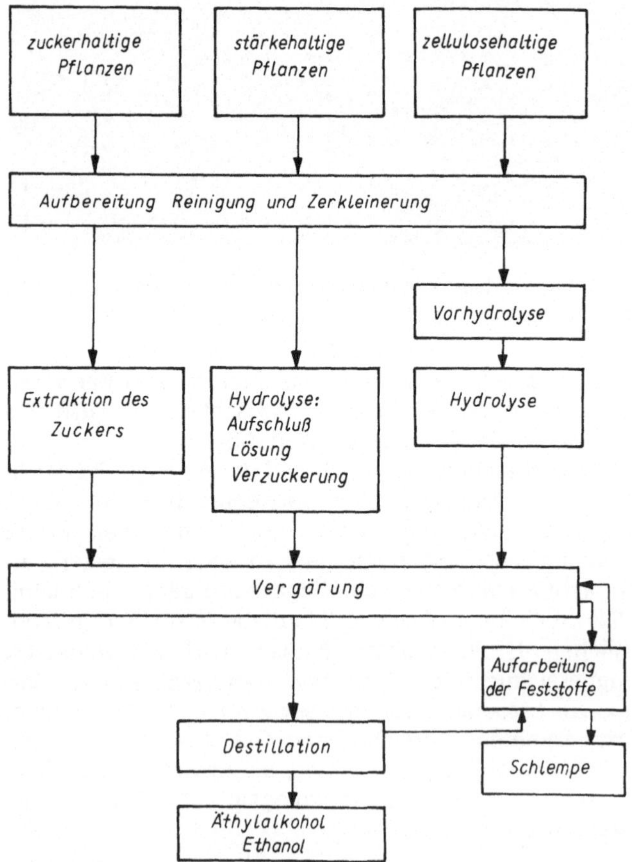

Abb. 45. Schema der Ethanolerzeugung

forderlich ist, müssen die komplexeren Moleküle der Stärke bzw. Zellulose zunächst aufgespalten und durch Wassereinlagerung in die kleineren Zuckermoleküle abgebaut werden (Abb. 45). Dies geschieht durch die Hydrolyse des zerkleinerten Einsatzgutes:

$$C_6H_{10}O_5 + H_2O \rightarrow C_6H_{12}O_6.$$

Im Anschluß daran kann der Zucker in wässriger Lösung unter Luftabschluß und dem Zusatz bestimmter Hefen vergoren werden. Dabei läuft folgende chemische Reaktion ab:

$$C_6H_{12}O_6 \rightarrow 2\,C_2H_5OH + 2\,CO_2.$$

Das nach der Destillation als letzter Verfahrensstufe zur Verfügung stehende Ethanol ist ein ausgezeichneter Motorenkraftstoff mit hoher Oktanzahl und eignet sich sehr gut als Ersatz für das herkömmliche Benzin.
Führend auf dem Gebiet seines Einsatzes ist Brasilien, wo schon 1980 rund 3,8 Mrd. l Ethanol für energetische Zwecke aus Zukkerrohr erzeugt wurden und etwa eine Viertel Million Kraftfahrzeuge mit diesem Treibstoff im Tank fuhren. Zunächst wurde er dem Benzin nur zu einem bestimmten Prozentsatz zugemischt. Inzwischen sind aber auch schon zahlreiche Wagen auf den Straßen des lateinamerikanischen Staates anzutreffen, deren Spezialmotor ausschließlich mit Ethanol läuft. Im Jahre 1987 erzeugte Brasilien fast 11 Mrd. l Ethanol als Ersatz für herkömmliche Treibstoffe. Wer heute in Brasilien tankt, bekommt ein Kraftstoffgemisch eingefüllt, das mindestens zu 22% aus Ethanol besteht. Und selbst in der Luftfahrt hat der Alkohol im Tank schon Einzug gehalten.
Man sollte bei diesem interessanten Projekt, das unter dem Schlagwort „Ethanol – die brasilianische Antwort auf die Energiekrise" läuft, aber nicht nur die technische Seite sehen, sondern auch dessen soziale Aspekte. Immerhin wird für die Erzeugung von 11 Mrd. l Ethanol auf der Grundlage von Zuckerrohr eine landwirtschaftliche Nutzfläche von etwa 2,7 Mill. ha benötigt. Und das in einem Land, in dem noch heute Hunderttausende nicht satt zu essen haben, in dem noch täglich Menschen verhungern. Ein wahrhaft düsteres Bild liegt über dem Ganzen – hungernde Menschen, damit die Limousinen der Reichen rollen können.
Ähnlich ist auch das sog. Gasohol-Programm (von Gasoline und

Alkohol abgeleitet) der USA zu bewerten. Bei ihm wird das Ethanol aus Mais erzeugt und ebenfalls dem herkömmlichen Treibstoff zugesetzt. Bereits 1981 überstieg die Jahresproduktion die Schwelle von 1 Mrd. l, und Mitte der 80er Jahre wurden dazu jährlich rund 20 Mill. t dieses Nahrungsgetreides eingesetzt.
Nicht zuletzt laufen auch die Bemühungen in einigen westeuropäischen Staaten in die gleiche Richtung. In einem offiziellen agrarpolitischen Bericht der OECD wurde u. a. vorgeschlagen, die Produktionsüberschüsse der EWG an Zucker, Getreide und Obst für die Ethanolerzeugung einzusetzen. Weiterhin soll, so der Bericht, der Viehbestand innerhalb der EWG deutlich reduziert werden. Auf diese Weise könne nach den Vorstellungen der Verfasser zum einen das weitere Anwachsen der diversen Überproduktionsberge (Milch, Butter, Fleisch u. a.) verhindert werden, zugleich würde sich aber auch die für den Anbau von Futtermitteln benötigte Ackerfläche verringern. Auf diesen Flächen sollten dann als Ausgleich kohlehydrathaltige „Energiepflanzen" angebaut und deren Biomasse zur Ethanolerzeugung genutzt werden. Schließlich werden parallel dazu Gesetze bzw. Verordnungen gefordert, die die Mineralölindustrie verpflichten sollen, dem Benzin stufenweise einen bestimmten Prozentsatz an Ethanol beizumischen.

5.3.3. Biologisches Rohöl

Das sog. Biorohöl kann auf zwei verschiedenen Wegen gewonnen werden. Zum einen ist dies auf der Basis der bekannten Ölfrüchte wie Raps, Lein oder Sonnenblumen möglich. Das Öl wird dabei aus den Samen dieser Pflanzen durch mechanische Behandlung und anschließender Raffination gewonnen, d. h., es werden die herkömmlichen Verfahren zur Speiseölherstellung angewendet. Lediglich das Ergebnis dieser Prozesse dient nicht wie üblich der menschlichen Ernährung, sondern wird als Treibstoff eingesetzt. Wie Untersuchungen von Traktorenbau-Unternehmen in Westeuropa zeigen, kann dies entweder in reiner Form erfolgen – dann sind einige Veränderungen an den Motoren notwendig – oder als Beimischung zum normalen Dieselkraftstoff. In diesem Falle können die serienmäßig hergestellten Motoren unbedenklich zum Einsatz kommen. Allerdings wird sich diese Möglichkeit, zumindest in absehbarer Zeit, nicht in großem Umfang durchsetzen. Die Pflanzenöle werden vorerst weiterhin für die menschliche Ernährung verwendet bzw. als Industrierohstoff eingesetzt werden.

Schwerpunkt der wissenschaftlichen Arbeit auf dem Gebiet der Herstellung von biologischem Rohöl ist daher ein Weg, der sich mit der verstärkten Nutzung von Wild- und teilweise auch Kulturpflanzen befaßt, die als Stoffwechselprodukt flüssige Kohlenwasserstoffverbindungen erzeugen. Bekanntestes Beispiel dafür ist der Gummibaum *(Hevea brasiliensis)*, dessen milchiger Pflanzensaft bis zu 30% flüssige Kohlenwasserstoffe enthält. Allerdings wird gerade er kaum zu einer „Energiepflanze" werden, da sein latexartiger Saft eine sehr hohe Molekularmasse aufweist und sich daher kaum als Grundlage für eine Treibstofferzeugung eignet. Ähnlich sieht es beim Guayule-Baum *(Parthenium argentatum)* aus, der u.a. in den Trockengebieten Mexikos und im Süden der USA heimisch ist. Auch er liefert nach dem Anzapfen einen latexähnlichen Saft, aus dem noch 1910 allein in den USA rund 100000 t Rohgummi gewonnen wurden. In seiner Bedeutung für die Kautschukindustrie hat ihn aber seither der Gummibaum überflügelt. Nun überlegen Chemiker und Energietechniker ernsthaft, ob und auf welchem Wege der Saft dieses Baumes eventuell doch energetisch genutzt werden kann. Gleiches gilt für einige Pflanzenarten aus der Gattung der Wolfsmilchgewächse, deren milchiger Saft ebenfalls einen erheblichen Gehalt an flüssigen Kohlenwasserstoffverbindungen aufweist. So wird derzeit in den USA an einem Projekt zur Gewinnung von biologischem Rohöl aus dem Saft der Springwolfsmilch gearbeitet. Diese Wüstenpflanze erbringt bereits als Wildform und bei natürlichem Vorkommen eine Ausbeute von rund 3 t Biorohöl/ha. Angesichts der etwa 120 Mill. ha Wüstengebiete in den USA wird nun daran gedacht, die Springwolfsmilch gezielt anzubauen und züchterisch in Richtung höherer Erträge zu beeinflussen.
Die Liste der potentiellen Lieferanten von biologischen Treibstoffen läßt sich aber noch fortsetzen. So liefern Vertreter der Gattung Croton (*Croton tiglium* und *C. sonderianus*) Öle, die in ihrer Zusammensetzung dem Erdöl ähneln. Von den Bäumen der Gattung Copaifera (*Copaifera officinalis* und *C. langsdorffi*) kann durch Anzapfen ein Saft gewonnen werden, der bis zu 80% aus Ölen, vorwiegend C_{15}-Terpenen, besteht. Bisher wurde er ausschließlich für die Lackherstellung und in der pharmazeutischen Industrie eingesetzt. Das leicht von den übrigen wässrigen Bestandteilen des Pflanzensaftes abtrennbare Ölgemisch kann aber, wie entsprechende Versuche zeigten, auch für den Betrieb von Dieselmotoren verwendet werden.
Bliebe schließlich noch eine Besonderheit zu erwähnen – die

sog. Treibstoffalge *(Botryococcus braunii).* Zwar kommt sie weltweit vor, aber ihre Massenentwicklung und ihre Blüte konnten bisher nur an wenigen Orten der Erde beobachtet werden. Lediglich vom Balchaschsee (UdSSR) und dem australischen Lake Cooronge liegen darüber verläßliche Meldungen vor. Im Alter verfärbt sich die sonst grünliche Alge gelborange, und die Zellen gehen, von noch unbekannten Faktoren ausgelöst, in einen Ruhezustand über. Dabei findet in ihnen eine ausgeprägte Kohlenwasserstoffsynthese statt. Der Anteil der Kohlenwasserstoffe an ihrer Trockensubstanz beträgt dann bis zu 85%. Bei Versuchen im Labor konnten aus diesem „Algenöl" folgende Produkte gewonnen werden: 67% Petroleum, 15% Flugbenzin, 15% Dieselöl und 3% Schweröle. Zum gleichen Ergebnis führte die Verarbeitung der an den Ufern des Lake Cooronge als gummiartige Masse, genannt Coorangit, angeschwemmten Reste abgestorbener Algen. Auch die Bevölkerung am Balchaschsee kennt eine derartige Masse (Balchaschit) und nutzte sie früher zu Beleuchtungszwecken sowie als Feuerungsmaterial.

So verlockend die hier aufgezeigten Möglichkeiten der Gewinnung von Treibstoffen aus Pflanzen auf direktem Wege auch klingen mögen, in absehbarer Zeit werden sie wohl kaum zum industriellen Einsatz kommen. Zum einen sind dazu noch umfangreiche Forschungs- und Entwicklungsarbeiten notwendig, als weitaus gravierender werden aber die Fragen der Wirtschaftlichkeit dieser Gewinnungsverfahren angesehen. Immerhin ist bei fast allen vorgesehen, die Säfte wildwachsender Pflanzen einzusetzen. Die Gewinnung dieses Ausgangsmaterials ist aber sehr aufwendig und beeinflußt die Kosten für das Endprodukt ganz erheblich. Kultivierungsmaßnahmen stehen erst am Anfang, und Plantagen, die in dieser Hinsicht eine Abhilfe schaffen könnten, sind noch in weiter Ferne. Und im Fall der sehr aussichtsreich erscheinenden Treibstoffalge sind bisher weder die Ursachen für das plötzliche massenhafte Auftreten noch die Auslöser für den Ruhezustand der Zellen bekannt. Letzterer konnte unter Laborbedingungen noch nie erreicht werden. Logischerweise fehlen aber damit die fundierten Grundlagen für eine künftige gezielte Aufzucht als Voraussetzung für eine großtechnische Nutzung des „Algenöls". Der Wunschtraum, einmal aus dieser Quelle bzw. den Bäumen die Kraftfahrzeuge betanken zu können, wird daher wohl noch lange, wenn nicht gar für immer, ein solcher bleiben.

5.4. Energie aus dem Müll

Von nicht geringem energiewirtschaftlichem Interesse sind auch die nahezu in allen Ländern der Erde ständig anfallenden mehr oder minder großen Mengen an Hausmüll. Dessen Zusammensetzung und die jährlich im Durchschnitt je Einwohner zu erwartende Müllmenge wird von mehreren Faktoren beeinflußt. So spielt es u. a. eine nicht unwesentliche Rolle, welche Verbreitung in den jeweiligen Ländern die Einwegeverpackung bzw. die Verpackung überhaupt hat und ob es wirksame Maßnahmen zur getrennten Erfassung von Sekundärrohstoffen und Futtermitteln (Küchenabfälle u. ä.) gibt. Einfluß haben auch die konkrete Siedlungsstruktur und der Anteil der fernbeheizten Wohnungen am gesamten Wohnungsbestand. Daher streut der Durchschnittswert des jährlichen Hausmüllanfalls pro Einwohner in den einzelnen Staaten relativ stark. Für die DDR beträgt er bei fernbeheizten Wohnungen 134 kg und für Wohnungen mit Ofenheizung 192 kg. In diesen Werten sind die etwa 55 kg Küchenabfälle, die pro Einwohner und Jahr gesondert als Futtermittel erfaßt werden, nicht enthalten. In der BRD wird jährlich mit rund 25 Mill. t Haus- und Sperrmüll sowie hausmüllähnlichem Gewerbemüll gerechnet. Das ist etwa 1 t pro Haushalt.
Nun ist natürlich die Müllbeseitigung in erster Linie eine Angelegenheit des Umweltschutzes. Aber wenn man bedenkt, daß beispielsweise der Heizwert des Hausmülls in der DDR etwas mehr als 4 200 kJ/kg beträgt (zum Vergleich: Rohbraunkohle hat einen Heizwert von etwa 8 000 kJ/kg), dann wird angesichts der vorstehend genannten Mengen das bereits erwähnte energiewirtschaftliche Interesse sicher verständlich. Es ist daher nur folgerichtig, wenn sich vor allem in den letzten beiden Jahrzehnten zahlreiche Länder mit Möglichkeiten und Wegen befaßten, dieses beträchtliche Energie- und Rohstoffpotential des Hausmülls effektiv zu erschließen. Neben den stofflichen Verwertungsmöglichkeiten, auf die hier nicht näher eingegangen werden soll, steht vor allem die energetische Nutzung im Blickpunkt. Mit zwei der dazu entwickelten Verfahren werden sich die beiden folgenden Abschnitte befassen.

5.4.1. Verbrennung von Hausmüll

Bei der Verbrennung von Hausmüll kommen fast ausschließlich Dampferzeuger zum Einsatz, die der besonderen Spezifik dieses Brennstoffs angepaßt sind. Allerdings unterscheidet sich die da-

für genutzte Technologie nur unwesentlich von der für andere heizwertarme feste Brennstoffe. Den Dampferzeugern vorgeschaltet sind meist Aggregate zur Müllaufbereitung. Hier erfolgt u. a. eine teils manuelle, teils maschinelle Aussonderung von metallischen und anderen Sekundärrohstoffen wie Glas, Papier, Holz und Textilien. Weiterhin wird der Müll zerkleinert und, insbesondere bei modernen Anlagen, pelletiert. Dem Dampferzeuger nachgelagert sind fast immer spezielle Anlagen zur Rauchgasreinigung.
Durch die Verbrennung verringert sich das Volumen des Mülls auf 10 bis 20% des Ausgangswertes. Auf diese Weise kann der für die anschließende Deponierung der Rückstände erforderliche Raumbedarf beträchtlich reduziert werden. Dieser Effekt ist in einigen Ländern noch immer das bestimmende Ziel der Müllverbrennung; eine energetische Nutzung steht hier häufig erst an zweiter Stelle.
Aber auch in jenen Ländern, in denen der Hausmüll in Heizwerken und Heizkraftwerken eingesetzt wird, ist dessen Anteil am gesamten Primärenergieverbrauch des betreffenden Landes verschwindend gering (Tab. 15). Das schließt allerdings nicht aus,

Tabelle 15. Anwendung der Müllverbrennung in ausgewählten kapitalistischen Staaten (Stand 1980)

Land bzw. Ländergruppe	Anteil der verbrannten Müllmenge am Gesamtanfall (%)	Anteil der für die Energiegewinnung verbrannten Müllmenge am Gesamtanfall (%)	Anteil der aus der Müllverbrennung gewonnenen Energie am Gesamtprimärenergieverbrauch (%)
BRD	29	27,4	0,46
EG-Staaten	23	13,1	0,24
Japan	65	23,5	0,28
USA	10	2,0	0,04

daß es bereits eine Reihe interessanter Nutzungsbeispiele für den Müll als Energieträger gibt. So werden in Schweden jährlich rund 775 kt Hausmüll zur Gewinnung von Heizwärme verbrannt. Die Berechnungen schwedischer Energetiker besagen, daß 5 t Hausmüll die gleiche Energiemenge beinhalten wie 1 t Heizöl oder 2 t Steinkohle. In Frankreich wird Hausmüll in 34 meist klei-

neren Anlagen zur Bereitstellung von Wärme- und Elektroenergie eingesetzt, und einer der größten Zementhersteller der kapitalistischen Welt, die britische Firma Blue Circle Industries, verwertet jährlich rund 100 kt Hausmüll als Brennstoff.
Eine der wichtigsten Voraussetzungen für den wirtschaftlichen Betrieb von Müllverbrennungsanlagen ist die ständige Verfügbarkeit einer ausreichend großen Müllmenge, die darüber hinaus möglichst zu großen Teilen aus fernbeheizten Wohnungen stammen sollte (geringer bzw. kein Ascheanteil am Müll). Unter den konkreten Bedingungen der DDR wird dabei mit einem Einzugsgebiet von rund 600 000 Einwohnern mit überwiegend fernbeheizten Wohnungen als Grundlage für den effektiven Betrieb einer Müllverbrennungsanlage gerechnet. Weiterhin muß die Einbindung einer solchen Anlage in ein vorhandenes Heiz- bzw. Heizkraftwerk gewährleistet sein. Diese Voraussetzungen sind gegenwärtig in den Großstädten der DDR (mit einer Ausnahme) nicht gegeben. Lediglich in der Hauptstadt Berlin existiert im Heizkraftwerk Berlin-Lichtenberg eine Müllverbrennungsanlage. Sie wurde 1974 in Betrieb genommen, und in ihr werden jährlich rund 100 kt Hausmüll eingesetzt. Als Hauptrichtung der Müllverwertung in der DDR hat sich allerdings dessen stoffliche Nutzung herausgestellt, d. h. sein Einsatz in speziellen Aufbereitungsanlagen zur Herstellung von Kompost. Auf dieses Verfahren, bei dem rund 90 % des Hausmülls wiederverwertet werden können, soll hier nicht eingegangen werden.

5.4.2. Gewinnung von Deponiegas

Das bekannteste Beseitigungsverfahren für Hausmüll ist dessen Ablagerung in einer geordneten Deponie. Dabei wird er schichtenweise in den Deponiekörper eingebaut und mit Spezialmaschinen verdichtet. Auf diesem Wege bringt man ein Maximum an Masse auf kleinstem Raum unter. Diese Technik führt aber auch dazu, daß zwar Luft in dem trotz allem noch vorhandenen Porenvolumen des Mülls eingeschlossen wird, jedoch keine weitere Luft und damit natürlich auch kein Sauerstoff an den eingebauten Müll gelangt.
Bald nach der Ablagerung beginnen nun im Deponiekörper chemische und bakteriologische Prozesse, die denen bei der Biogaserzeugung (s. Abschn. 5.3.3.) bis zu einem gewissen Grade ähneln. Durch sie werden die organischen Bestandteile des Mülls abgebaut und in ein Gasgemisch umgewandelt, das zwischen 60

und 70 % aus CH_4 und 30 bis 40 % aus CO_2 besteht. Grundvoraussetzung für die Gasbildung ist allerdings ein Anteil der organischen Substanz am Müll von mindestens 15 %, ein Wassergehalt zwischen 35 und 40 % sowie die bereits erwähnte gute Verdichtung beim Mülleinbau. Hinsichtlich der Geschwindigkeit, mit der die Umwandlungsprozesse ablaufen, werden schnell abbaubare organische Bestandteile wie Küchen- und Gartenabfälle, langsam abbaubare wie Papier und sehr langsam abbaubare wie Textilien aus Pflanzenfasern unterschieden. Weiterhin sind im Müll auch praktisch nicht abbaubare organische Bestandteile wie Gummi oder Kunststoffe enthalten. Der Abbauprozeß des organischen Materials erfolgt in 4 Stufen und zieht sich über einige Jahrzehnte hin. Sein Verlauf und die Zusammensetzung des dabei entstehenden Gases sind bereits seit langem bekannt. Neu sind allerdings die in jüngster Zeit in mehreren Ländern festzustellenden Bemühungen, dieses brennbare Gas, das sonst permanent und unkontrolliert aus der Deponie entweicht und teilweise zu Problemen in deren Betrieb führt, für energetische Zwecke zu erschließen. Sein Heizwert liegt, je nach der Zusammensetzung des abgelagerten Hausmülls, zwischen 10 000 und 20 000 kJ/m^3. Die Gaserschließung ist über entsprechende Erfassungs- bzw. Sammelvorrichtungen, die sog. Gasbrunnen, möglich. Sie werden entweder nachträglich in den bereits vorhandenen Deponiekörper eingebracht oder bei der Neuanlage einer Deponie parallel mit dem Mülleinbau installiert. Hierzu gibt es eine ganze Reihe technischer Lösungen, auf die aber nicht näher eingegangen werden soll.

In Abhängigkeit von der Höhe des in ihm enthaltenen organischen Materials wird über den gesamten Abbauzeitraum (20 bis 30 Jahre) je Tonne Hausmüll mit einer Gasmenge zwischen 150 und 200 m^3 gerechnet. Davon lassen sich mit den derzeitigen Technologien etwa 20 % auch tatsächlich erschließen. Auf den ersten Blick eine recht geringe Menge. Es darf aber nicht vergessen werden, daß in großen Deponien häufig mehrere Millionen Tonnen Hausmüll lagern bzw. abgelagert werden. Und schließlich ist auch mit einer Verbesserung der Gaserfassungstechnologie zu rechnen.

Das Deponiegas kann für eine Reihe von Anwendungsfällen genutzt werden. So sehen die derzeit u. a. in Schweden, Großbritannien und der BRD betriebenen Demonstrationsanlagen den Einsatz des gewonnenen Deponiegases zur Warmwasserbereitung und für die Gebäudeheizung auf dem Gelände der Deponie vor. Die dafür entwickelten Dampferzeuger kommen aber auch

in Gartenbaubetrieben zum Einsatz, die in unmittelbarer Nachbarschaft der Deponie liegen. Bei entsprechend großen Deponien, d.h. bei einem entsprechend großen kontinuierlichen Gasanfall, ist auch die Erzeugung von Elektroenergie durch den Einsatz spezieller, mit Generatoren gekoppelter Gasmotoren möglich. Ähnlich wie bei der Biogasnutzung ist hier durch Blockheizwerke die gleichzeitige Erzeugung von Elektro- und Wärmeenergie denkbar (vgl. Abschn. 5.3.3.).
Auch in der DDR befaßt man sich schon seit geraumer Zeit mit den Fragen der Deponiegaserfassung und -nutzung. So wurden Ende 1985 auf der Deponie Döbeln-Hohenlauft erste Versuchsbohrungen zur Gasentnahme aus einem Deponiekörper vorgenommen. Diesen Arbeiten folgte dann ein Jahr später die Inbetriebnahme der ersten Ausbaustufe einer großtechnischen Versuchsanlage auf der Mülldeponie Schwerborn am Stadtrand von Erfurt. Jährlich werden auf der etwa 50 ha großen Deponie rund 1 Mill. t Müll abgelagert. Nach dem Abschluß der Deponierung und dem endgültigen Ausbau des Gaserfassungssystems, das dann insgesamt 96 Gasbrunnen aufweisen wird, sollen an diesem Standort täglich 5700 m^3 Gas aus dem Deponiekörper gewonnen werden. Es wird sowohl für Heizzwecke und zur Warmwasserbereitung für das Sozialgebäude der Deponie genutzt als auch zur Elektroenergieerzeugung eingesetzt. Mit der anfallenden Deponiegasmenge kann auf diesem Wege der Elektroenergiebedarf eines mittleren Industriebetriebes gedeckt werden. Die aus dem Betrieb dieser Deponiegasanlage und einem ähnlichen Projekt in Potsdam gewonnenen Erfahrungen werden wissenschaftlich aufbereitet und für weitere Vorhaben auf Mülldeponien der DDR genutzt.
Hinsichtlich der Kosten für die Deponiegaserfassung haben die Untersuchungen in der DDR gezeigt, daß die Gesamtselbstkosten, bezogen auf die elektrische Arbeit, bei einer Deponie mit einer Hausmüllablagerung von 30 kt/a etwa 0,115 M/(kW · h) betragen. Bei größeren Deponien sinken diese Kosten auf rund 0,10 M/(kW · h). Bei vergleichenden Betrachtungen mit anderen Energieträgern sollte allerdings stets berücksichtigt werden, daß die Deponiegaserfassung und -abführung auch ein wichtiger Beitrag zur Verbesserung der Umweltbedingungen in dem betreffenden Gebiet ist.

5.5. Wärme aus dem Komposthaufen

Ein ganz spezieller Weg zur Energiegewinnung aus der Pflanze soll zum Schluß dieses Kapitels noch kurz vorgestellt werden. Sein „Erfinder" ist der Franzose Jean Pain. Der experimentierfreudige Gärtnermeister arbeitet schon seit mehr als 20 Jahren in Südfrankreich an einem, wie er es nennt, „Verfahren zur Nutzung des Energiepotentials von Mikroorganismen auf der Basis von Biomasse". Hinter diesem hochwissenschaftlich klingenden Begriff verbirgt sich aber nichts anderes als ein profaner Komposthaufen. Für dessen Aufbau verwendete Jean Pain Holzhackschnitzel, die er aus Bäumen der unterschiedlichsten Art, Gestrüpp und forstwirtschaftlichen Abfällen herstellte. In dem etwa 2,5 m hohen runden Komposthaufen mit einem Durchmesser von etwas mehr als 3 m wurde ein flexibler Polyethylenschlauch in großen Windungen verlegt, wobei sich der Abstand der Windungen zueinander nach oben hin verringerte.
Mit dem Einsetzen des Verrottungsprozesses der organischen Substanz wurde durch den Schlauch kontinuierlich kaltes Wasser (10 °C) geleitet. Dieses erwärmte sich auf dem Weg durch den Komposthaufen, und nach eigenen Angaben des findigen Hobbyenergetikers lieferte die Verrottungswärme eines Komposthaufens von 200 t eingesetzter Biomasse 6 Monate lang je Minute 4 l Wasser mit einer Temperatur von fast 60 °C.
Obwohl Jean Pain mittlerweile einige Nachahmer, darunter auch einen Bauern aus Bayern, gefunden hat, wird sein „Verfahren" niemals großtechnisch eingesetzt werden können. Es unterstreicht aber eindrucksvoll die Vielfältigkeit der Möglichkeiten, aus der Biomasse nutzbare Energie zu gewinnen.

6. Wasserkraft

Unter den erneuerbaren Energiequellen nimmt die Wasserkraft unbestritten eine gewisse Sonderstellung ein. Gab es doch für sie nie eine Phase spekulativer Vorhaben, wie wir das beispielsweise bei den Verfahren zur Nutzung der Meeresenergie gesehen haben. Längst hat sie in zahlreichen Ländern ihre Fähigkeit unter Beweis gestellt, einen erheblichen Beitrag zur Energieversorgung zu leisten. Für manche von ihnen wäre diese ohne die Nutzung des talwärts fließenden Wassers heute überhaupt nicht mehr vorstellbar. Und ähnlich wie die Windenergie gehört auch die Wasserkraft zu jenen Energiequellen, die der Mensch schon sehr lange nutzt. Erinnert sei hier nur an die Schöpfräder zur Bewässerung der Felder im antiken Zweistromland oder an die Wassermühlen des Mittelalters. Beide ermöglichten es, die potentielle Energie des fließenden Wassers in mechanische Energie umzuwandeln, mit der wiederum nutzbringende Arbeiten ausgeführt werden konnten. Aus Erfahrung war schon damals bekannt, daß die von den jeweiligen Anlagen erzielbare Leistung in erster Linie von der Fallhöhe des Wassers und dessen verfügbarem Massestrom abhängt. Allerdings verstand es der Mensch schon sehr früh, hier etwas korrigierend einzugreifen. So errichtete er Staus und gesonderte Wasserläufe – im Volksmund meist Mühlbäche genannt –, um damit die Fallhöhe des Wassers zu vergrößern bzw. die naturbedingten Schwankungen in der Wasserführung der angezapften Flüsse und Bäche bis zu einem gewissen Grade auszugleichen. Über eine bestimmte Zeit hinweg konnte so ein relativ kontinuierlicher Betrieb der jeweiligen Anlagen gesichert werden.

Mit Fug und Recht können daher die mittelalterlichen Säge- und Getreidemühlen, die Poch- und Hammerwerke sowie die Wasserkünste des Bergbaus als direkte Vorläufer der heutigen Wasserkraftwerke betrachtet werden. Das Grundprinzip, die Umwandlung der potentiellen Energie des talwärtsfließenden Wassers in mechanische, ist geblieben. Nur treten an die Stelle der Wasserräder jetzt Turbinen unterschiedlichster Bauart. Die mit ihnen gekoppelten Generatoren ermöglichen eine weitere Umwandlung der mechanischen Rotationsenergie der Turbinen in Elektroenergie. Geblieben sind auch die Staueinrichtungen oder Dämme, nun allerdings in teilweise gewaltigen Dimensionen, und natürlich auch die Abhängigkeit der Leistung der Turbine eines Wasserkraftwerkes von der auf sie einwirkenden Fallhöhe H des Wassers und dem Wassermassestrom (mW). Konkret läßt sie sich nach der Formel

$$P = \eta g H mW$$

errechnen, wobei g die Erdbeschleunigung und η der Wirkungsgrad der Turbine ist. Letzterer liegt in der Regel zwischen 80 und 90%.

Tabelle 16. Jährliches Wasserkraftpotential nach Regionen (10^{12} kW · h/a)

Region	Theoretisches Potential	Technisch nutzbares Potential	Wasserkraftwerke		
			in Betrieb	in Bau	geplant
Afrika	10,118	3,140	0,151	0,047	0,201
Nordamerika	6,150	3,120	1,129	0,303	0,342
Südamerika	5,670	3,780	0,299	0,355	0,809
Asien[1]	16,486	5,340	0,465	0,080	0,368
Ozeanien[2]	1,500	0,390	0,059	0,020	0,032
Europa	4,360	1,430	0,842	0,094	0,197
UdSSR	3,940	2,190	0,265	0,191	0,170
gesamt[3]	44,280	19,390	3,207	1,090	2,120

[1] Ohne UdSSR und China.
[2] Einschl. Australien.
[3] Ohne China.

Eine zuverlässige Einschätzung der Höhe des Wasserkraftpotentials der Erde bzw. ausgewählter Regionen gab die 11. Weltenergiekonferenz, die im Jahre 1980 stattfand. Die damals vorgelegten Werte (Tab. 16) sind noch heute gültig und werden entsprechenden Betrachtungen zugrunde gelegt. Auch das Verhältnis von technisch nutzbarem Wasserkraftpotential zu tatsächlicher Nutzung in bestehenden Wasserkraftwerken hat sich seitdem nur unwesentlich verändert.
Wasserkraftwerke können u. a. nach der verfügbaren Fallhöhe des Wassers eingeteilt werden in

- Niederdruckanlagen mit einer Fallhöhe $<$15 m
- Mitteldruckanlagen mit einer Fallhöhe zwischen 15 und 50 m
- Hochdruckanlagen mit einer Fallhöhe $>$50 m.

In der einschlägigen Fachliteratur findet man für die genannten Anlagentypen gelegentlich auch andere zugeordnete Fallhöhen des Wassers. Auf die Ursachen für diese Unterschiede soll hier nicht weiter eingegangen werden.
Als zweites Unterscheidungsmerkmal wird meist die Art des Wasserzuflusses und damit indirekt die nutzbare Wassermenge herangezogen. Von ihm leiten sich auch die heute allgemein gebräuchlichen Bezeichnungen für die einzelnen Wasserkraftwerkstypen ab. Da diese wiederum einige Rückschlüsse auf die dabei nutzbare Fallhöhe des Wassers gestatten, sollen auf ihrer

Grundlage die verschiedenen Wasserkraftwerkstypen kurz charakterisiert werden.
Wenden wir uns zunächst den *Laufwasserkraftwerken* zu, die häufig auch als Flußkraftwerke bezeichnet werden. Sie bestehen hauptsächlich aus einem Wehr, das einen möglichst wasserreichen Fluß in einem besonders geeigneten Abschnitt leicht anstaut, und dem sog. Krafthaus für die Maschinensätze und den Turbineneinlauf. Grundsätzlich gilt, daß ein Flußkraftwerk am besten dort errichtet wird, wo sich auch das höchste Hochwasser ohne Verbreiterung des Flußquerschnitts störungsfrei über das Wehr abführen läßt. Für die Anordnung des Krafthauses, in dem fast ausschließlich die schiffsschraubenähnlichen Kaplanturbinen eingesetzt werden, ergeben sich folgende Möglichkeiten:

- Pfeilerkraftwerk: Maschinensätze und Turbineneinläufe befinden sich in den Pfeilern des Stauwehrs
- Buchtenkraftwerk: das Krafthaus steht in einer als Bucht bezeichneten Flußverbreiterung
- Schlingenkraftwerk: das Krafthaus steht in einer künstlich angelegten Flußschlinge.

Die Fallhöhe des Wassers ist bei Flußkraftwerken relativ gering, so daß nur in besonders wasserreichen Strömen große Leistungen erzielt werden können. Durch das geringe Speichervolumen ist weiterhin ihre Fahrweise nicht sehr flexibel, daher werden Flußkraftwerke fast immer zur Deckung der sog. Grundlast eingesetzt, d. h., sie decken jenen Bedarf an Elektroenergie, der unabhängig von der jeweiligen Tageszeit ständig vorhanden ist. Gelegentlich erfolgt ihre Errichtung auch in Kaskaden, dann werden am Lauf des betreffenden Flusses mehrere Anlagen in größeren Abständen hintereinander gebaut. Typische Beispiele dafür sind die Kraftwerkskaskaden an der Wolga und der Donau. Um die Schiffahrt durch den Betrieb von Flußkraftwerken nicht zu beeinträchtigen, sind in der Nähe derselben meist umfangreiche Schleusenanlagen bzw. -systeme vorhanden.
Für *Talsperrenkraftwerke* ist, wie schon der Name sagt, eine hohe Staumauer sowie ein Stausee von meist beträchtlichen Ausmaßen charakteristisch. Das durch ihn gegebene große Speichervolumen sichert nicht nur einen gleichmäßigen Wasserzulauf auf die hauptsächlich eingesetzten Francisturbinen (Abb. 46) – teilweise werden auch Kaplanturbinen genutzt –, sondern vergrößert auch die Fallhöhe des Wassers gegenüber den Laufwasserkraftwerken ganz erheblich. Talsperrenkraftwerke sind fast immer für große Leistungen konzipiert, und

Abb. 46. Laufrad einer Francisturbine für ein 69-MW-Wasserkraftwerk in Marokko

durch das Speicherbecken kann ihre Fahrweise sehr variabel gestaltet werden. In Zeiten erhöhten Elektroenergiebedarfs werden größere Wassermengen über die Turbinen geleitet bzw. zusätzliche Turbinen in Betrieb genommen, als dies bei normalem Bedarf erforderlich ist. Das Krafthaus befindet sich bei Talsperrenkraftwerken stets am Fuße des Staudamms.

Neben der Elektroenergieerzeugung dienen Talsperrenkraftwerke und in gewissem Umfang auch Laufwasserkraftwerke außerdem den Belangen des Hochwasserschutzes und der Bewässerung. Mit ihnen kann die Schiffahrt in den betreffenden Flußabschnitten verbessert, wenn nicht gar erst ermöglicht werden. Und nicht zuletzt läßt sich mit ihrer Hilfe die Trink- und Brauchwasserversorgung in den betreffenden Territorien stabilisieren. Mit dem Stausee entstehen häufig auch Erholungsmöglichkeiten, an die vorher kaum zu denken war.

Allerdings sind auch einige negative Auswirkungen zu verzeichnen. So gehen teilweise beträchtliche Flächen in land- bzw.

Abb. 47. Blick auf den Schüttdamm des Wasserkraftwerkes Nurek

forstwirtschaftlich genutzten Gebieten durch den Stausee verloren. Dörfer müssen umgesiedelt und Straßen verlegt werden. Stellvertretend sei hier das Bratsker Wasserkraftwerk genannt, dessen Stausee immerhin eine Fläche von etwa 5 500 km^2 auf-

weist. Weiterhin kann es zu Veränderungen der Lebensbedingungen für die Pflanzen- und Tierwelt, vor allem für die Fische kommen. So werden gelegentlich deren traditionelle Laichwege blockiert. In solchen Fällen bringen Fischtreppen oder -aufzüge sowie die künstliche Aufzucht der Fischbrut entsprechende Abhilfe.
Die Staudämme von Talsperrenkraftwerken erreichen häufig Höhen von 100 Metern und mehr. Der derzeit höchste Damm ist mit mehr als 300 m der des Wasserkraftwerkes Nurek (Abb. 47)

Abb. 48. Laufrad einer Peltonturbine für das Wasserkraftwerk Cat Arm (Neufundland). Die Bruttofallhöhe des Wassers beträgt 386,5 m

in der Tadshikischen SSR. Um Bauzeiten und Baukosten zu verringern, wird mehr und mehr dazu übergegangen, geschüttete Dämme aus Gestein, Lehm und Sand zu errichten. In bisher zwei Fällen erfolgte die Auftürmung eines solchen Erddamms durch gezielte Sprengungen. Teilweise erhalten die Dämme aber auch einen Betonkern und werden dann in Schüttbauweise vollendet. Über die Art und Größe des Staudamms sowie über die Technologie zu seiner Errichtung entscheiden die konkreten örtlichen geologischen und hydrologischen Gegebenheiten.
Hochgebirgskraftwerke stellen eine Sonderform des Talsperren-

kraftwerkes dar. Sie werden, wie schon der Name sagt, ausschließlich in Hochgebirgsregionen erbaut. Der von einem Betondamm abgeriegelte Stausee befindet sich dabei stets in großer Höhenlage, während das Krafthaus – in ihm kommen fast ausschließlich Peltonturbinen zum Einsatz (Abb. 48) – wesentlich tiefer und gelegentlich auch in größerer Entfernung liegt. Beispielsweise beträgt die Fallhöhe des Wassers im norwegischen Wasserkraftwerk Askara 655 m. Es leuchtet ein, daß bei derartig großen nutzbaren Höhenunterschieden nur relativ geringe Wassermengen zur Erzielung nennenswerter Leistungen notwendig sind. In einigen Fällen wird bei Hochgebirgskraftwerken das Krafthaus in Kavernenbauweise, d. h. in unterirdischen Felsendomen, errichtet. Auch die Rohrleitungen für das Wasser verlaufen dann meist unterirdisch bzw. werden dafür spezielle Stollensysteme direkt in den Fels gebohrt. Auf diese Weise wird insbesondere den Anforderungen des Landschaftsschutzes entsprochen, liegen doch Hochgebirgskraftwerke meist in landschaftlich sehr reizvoller Umgebung.
Welches ist nun das derzeit größte Wasserkraftwerk? Auf diese Frage findet man sehr voneinander abweichende Antworten. Die Ursachen dafür liegen in den unterschiedlichen Maßstäben, die in der Literatur für die Größenbestimmung angelegt werden. So kann die Festlegung einer Rangfolge u. a. nach der Höhe der Staumauer bzw. deren Länge vorgenommen werden, es wird die Fläche des Stausees herangezogen oder die Leistung. Letzterer Gesichtspunkt soll auch für uns verbindlich sein, zumal ihn auch die Experten der UNO für ihre Einteilung der Wasserkraftwerke in

- große Anlagen: Leistung >10 MW
- kleine Anlagen: Leistung <10 MW
- Mikroanlagen: Leistung <1 MW

verwendet haben. Tab. 17 enthält eine Aufstellung der gegenwärtig zehn größten Wasserkraftwerke.
Der Vollständigkeit halber sei noch erwähnt, daß auch Pumpspeicherwerke und Gezeitenkraftwerke im eigentlichen Sinne zu den Wasserkraftwerken zählen, da sie einen analogen Aufbau, also Damm und Wasserbecken, aufweisen. Pumpspeicherwerke dienen in einem Elektroenergieversorgungsnetz gewissermaßen als Speicher für die Elektroenergie, die sich ja bekanntlich in direkter Form nicht speichern läßt. Dies ist nur durch Zwischenschalten einer anderen Energieform, in diesem Fall der potentiellen Energie des Wassers, möglich. In Zeiten geringen Elektroenergiebedarfs wird dazu das Wasser aus einem tiefer ge-

Tabelle 17. Die zehn größten Wasserkraftwerke der Welt (Stand Ende 1986)

Name	Land	Baujahr	Leistung (MW)
Grand Coulee	USA	1942	7460[1]
Sajano-Schuschenskoje	UdSSR	1980	6400
Krasnojarsk	UdSSR	1967	6000
Churchill-Falls	Kanada	1971	5225
Itaipu	Brasilien	1982	4900[2]
Bratsk	UdSSR	1964	4500
Tucurui	Brasilien	1984	3960[3]
Ust-Ilimsk	UdSSR	1984	3675
Ilha Solteira	Brasilien	1973	3200
Guri	Venezuela	1986	2800[4]

[1] Ausbau auf 10830 MW vorgesehen.
[2] Ausbau auf 12600 MW vorgesehen.
[3] Ausbau auf 8000 MW vorgesehen.
[4] Ausbau auf 10000 MW vorgesehen.

legenen in ein höher gelegenes Becken gepumpt. Dort wird es bis zum Zeitpunkt des Spitzenbedarfs an Elektroenergie gespeichert und läuft dann auf Abruf aus dem oberen Becken über die umschaltbaren Turbinen – sie wurden vorher auch für die Pumparbeit eingesetzt – nach unten und ermöglicht die Erzeugung von Elektroenergie. Allerdings werden derartige Pumpturbinen nicht immer eingesetzt. Häufig sind Pumpen und Turbinen auch getrennt auf einer Welle mit dem Generator angeordnet. Der Gesamtwirkungsgrad von Pumpspeicherwerken liegt bei etwa 70%. Über die mögliche Kopplung zwischen Pumpspeicherwerken und Gezeitenkraftwerken sowie über die Arbeitsweise der letztgenannten enthält Abschn. 3.2. einige Ausführungen.

Kommen wir nach der Vorstellung der Anlagen zu seiner Nutzung noch einmal auf die in Tab. 16 enthaltenen Werte des technisch nutzbaren Potentials der Wasserkraft bzw. der in Betrieb befindlichen Wasserkraftwerke zurück. Ein Vergleich der beiden Zahlen macht deutlich, daß gegenwärtig erst rund 17% des aus heutiger Sicht nutzbaren Wasserkraftpotentials durch entsprechende Umwandlungsanlagen erschlossen werden. Für die Regionen der Dritten Welt, also in Asien, Afrika und Lateinamerika, sieht dieses Verhältnis noch ungünstiger aus. Deshalb orientierte die UNO-Konferenz von Nairobi auch auf einen zügigeren Ausbau der Wasserkraft gerade in diesen Ländern, können doch damit meist zwei Fliegen mit einer Klappe geschlagen werden. Zum einen wird eine bessere Versorgung mit Elektroenergie, vor allem in abgelegenen Gebieten, möglich, andererseits können zugleich aber auch Bewässerungsvorhaben realisiert und Überschwemmungen verhindert werden. Da diesen Ländern aber meist die finanziellen und materiellen Voraussetzungen für große Wasserkraftwerke fehlen, sollen vorrangig Mikroanlagen gebaut werden. Schon heute sind beispielsweise in China fast 90000 solcher Kleinstwasserkraftwerke in Betrieb. Auch in anderen Ländern wächst ihre Zahl, und selbst in den industriell entwickelten Staaten Europas kommen sie wieder zu Ehren. So wurden in Italien mehr als 400 Wasserkraftanlagen mit einer Gesamtleistung von rund 400 MW erneut in Betrieb genommen. Ohnehin spielt die Wasserkraft in einigen Ländern Europas eine beträchtliche Rolle. So bezieht Norwegen fast 100% seiner Elektroenergie aus dieser erneuerbaren Energiequelle. In Spanien sind es 27%, in Italien 25% und in Frankreich 20%. Spitzenreiter unter den überseeischen Staaten ist Brasilien. Hier deckt die Wasserkraft immerhin fast 95% des Elektroenergiebedarfs. Nach Angaben der UNO liegt der Anteil der Wasserkraft an der Welt-Elektroenergieerzeugung bei etwa 20%. Die Leistung aller Wasserkraftwerke auf unserem Erdball wird derzeit auf rund 542000 MW beziffert, ein Wert, der mit dem anvisierten Ausbau von rund 80% des in Tab. 16 genannten technisch nutzbaren Potentials bis zum Jahre 2020 noch beträchtlich ansteigen wird.

Aufgrund der ungenügenden natürlichen Voraussetzungen für die Nutzung der Wasserkraft spielt diese in der Energiebilanz der DDR nur eine minimale Rolle. Ihr Anteil an der Elektroenergieerzeugung lag im Jahre 1986 bei nur 0,2%.

Abschließend noch ein Wort zu den sog. *Gletscherkraftwerken,* über die man gelegentlich recht euphorische Berichte lesen kann. Gemeint ist die Möglichkeit, die potentielle Energie des sich in den Sommermonaten auf dem Inlandeis der Antarktis und Grönlands bildenden Schmelzwassers für die Elektroenergiegewinnung zu nutzen. Dabei ist vorgesehen, das Schmelzwasser durch Anlegen von Kanälen und Staubecken direkt auf dem Eismassiv zu sammeln und anschließend über ein im felsigen Untergrund angelegtes Stollensystem zu einem tiefer liegenden Krafthaus zu leiten. Da das Inlandeis an manchen Stellen bis zu 3000 m Höhe aufragt, könnten dabei beträchtliche Fallhöhen des Wassers und folgerichtig auch nennenswerte Leistungen erreicht werden. Das Gletscherkraftwerk würde seinem Typ nach einem Hochgebirgskraftwerk entsprechen.

Bisher gibt es lediglich für Südgrönland ein derartiges Projekt, wobei die Unterlagen u. a. 100 km lange Sammelkanäle für das Schmelzwasser auf dem Eismassiv in einer Höhe zwischen 1000 und 1500 m vorsehen. Diese sollen in ein Staubecken von 100 km^2 Fläche und einer Tiefe von 200 m münden, das ebenfalls auf dem bzw. im Eis angelegt werden soll. Der Zufluß des Schmelzwassers würde nur während dreier Sommermonate erfolgen. Im Winter rechnet man damit, daß das Becken an seiner Oberfläche und an den Seitenwänden mit einer rund 10 m dikken Eisschicht bedeckt ist. Aus dem Staubecken läuft das Wasser, wie bereits beschrieben, zum Krafthaus. Seine potentielle Energie wird dort über entsprechende Turbinengeneratoren in Elektroenergie umgewandelt. Das technisch nutzbare Potential von Südgrönland wird auf $1{,}1 \cdot 10^5$ GW · h/a veranschlagt.

Soweit die Version oder vielleicht besser die Vision eines Gletscherkraftwerkes, zu dessen Realisierung noch keinerlei praktische Schritte eingeleitet wurden. Selbst die erforderlichen Vorarbeiten haben noch nicht begonnen. Bis heute gibt es keine exakte Vermessung des Oberflächenprofils in dem betreffenden Gebiet, es fehlen Daten über die Eisbewegung und das Vorhandensein von Gletscherspalten. Neben diesen natürlichen Gegebenheiten sind vor allem auch die zu erwartenden hohen Anforderungen an Mensch und Technik in Rechnung zu stellen. Faßt man dies alles zusammen, so erscheint die Errichtung eines Gletscherkraftwerkes wohl noch in sehr weiter Ferne zu liegen, wenn nicht überhaupt unmöglich zu sein.

7. Resümee und Ausblick

In den vorangegangenen 6 Kapiteln wurde mit zahlreichen Möglichkeiten und Verfahren zur Nutzung der erneuerbaren Energiequellen bekannt gemacht. Trotz der festgestellten Vielfalt handelt es sich dabei aber stets nur um eine Auswahl. Eine ganze Reihe weiterer möglicher Umwandlungsverfahren, die entweder

bereits in Nutzung sind oder sich noch im Stadium der Entwicklung befinden, konnten hier aus Platzgründen nicht behandelt werden.
Welchen Stellenwert hat nun die Energieversorgung aus Sonne, Meer und Wind, und wie groß wird ihre künftige Bedeutung sein? Tab. 18 enthält eine Übersicht der gegenwärtig auf der

Tabelle 18. Elektroenergieerzeugungskapazitäten auf der Basis erneuerbarer Energiequellen (MW)

Energiequelle	Kapazität
Sonnenenergie	
solarthermisch	200[1]
Photovoltaik	60[1]
Windenergie	1 100[1]
Meeresenergie	
Wellenenergie	2[1]
Gezeiten	270[1]
OTEC	0[1]
Geothermie	4 760[2]
Biomasse	5 000[1]
Wasserkraft	541 976[3]
Gesamte Kraftwerksleistung der Erde	2 332 245[3]

[1] Geschätzt.
[2] Stand 1985.
[3] Stand 1984 – Quelle: UNO-Statistik.

Erde vorhandenen Elektroenergieerzeugungskapazitäten auf der Grundlage erneuerbarer Energiequellen, wobei zum Vergleich auch die Gesamtleistung aller im Jahre 1984 vorhandenen Kraftwerke aufgeführt wurde. Obwohl fast alle Werte für die erneuerbaren Energiequellen auf Schätzungen beruhen – eine offizielle Statistik gibt es dafür nicht –, wird dennoch deutlich, daß sie, mit Ausnahme der Wasserkraft, derzeit in der Elektroenergieversorgung der Menschheit so gut wie keine Rolle spielen. Ähnlich verhält es sich bei der Bereitstellung von Heiz- und Prozeßwärme sowie von Brauchwarmwasser auf der Basis erneuerbarer Energiequellen. Trotz der teilweise recht beachtlichen Beispiele in einzelnen Ländern haben sie auch hier insgesamt nur einen geringen Anteil – in den einzelnen Abschnitten wurde bereits darauf verwiesen.

An dieser Situation wird sich auch in absehbarer Zukunft nur wenig ändern. Auf dem 13. Kongreß der Weltenergiekonferenz (Cannes, 1986) wurde eindeutig festgestellt, daß der Anteil der erneuerbaren Energiequellen einschließlich der Wasserkraft am Primärenergieverbrauch der Erde im Jahre 2000 nur 6% betragen wird. Dies ist eine Größenordnung, die auch schon 1973 konstatiert wurde (Tab. 19). Zieht man davon die Wasserkraft mit

Tabelle 19. Anteil der Primärenergieträger am Energieverbrauch der Erde (%)

Energieträger	1973	2000
Erdöl	47	35
feste Brennstoffe[1]	28	31
Erdgas	18	20
Kernenergie	1	8
Wasserkraft und erneuerbare Energiequellen	6	6

[1] Einschl. Brennholz und Torf.
Quelle: 13. WEC (Cannes, 1986)

ihrem doch recht erheblichen Potential (vgl. Tab. 16) ab, so bleibt für die Deckung des Primärenergieverbrauchs aus Sonne, Wind und Meer sowie aus der Geothermie nur noch ein Anteil von knapp 2%.

Die Ursachen dafür liegen u. a. in den hohen Einsatzkosten für diese Energiequellen, die derzeit deutlich über denen für die Energiebereitstellung auf fossiler und nuklearer Basis liegen. Zwar liefert uns die Sonnenenergie in ihrer direkten und indirekten Form sowie die Erdwärme den „Brennstoff" für die Energieumwandlung nahezu kostenlos, aber die Anlagen zu seiner Erschließung und der anschließenden Umwandlung sind um etliches teurer als die für fossile und nukleare Energieträger eingesetzten. Weiterhin spielen auch die bereits mehrfach genannten natürlichen Bedingungen eine ganz beträchtliche Rolle. Sie können vom Menschen in keiner Weise verändert, sondern nur in ihren Auswirkungen bis zu einem gewissen Grade überbrückt werden. Nur wenn die Sonne scheint, der Wind kräftig genug weht oder ein ausreichend starker Wellengang zu verzeichnen ist, kann eine effektive Energieumwandlung erfolgen. Für eine zumindest zeitweise kontinuierliche Energiebereitstellung auf dieser Grundlage sind daher Speicheranlagen erforderlich, die zu einem nicht unerheblichen Teil die hohen Investitionskosten der Umwandlungsanlagen auslösen.

Aus alledem kann geschlußfolgert werden, daß die erneuerbaren Energiequellen für die in den entwickelten Industriestaaten unabdingbare kontinuierliche Energieversorgung auch künftig keine große Bedeutung haben werden. Das gilt für die Elektroenergieerzeugung ebenso wie für die Bereitstellung von Heizwärme und Brauchwarmwasser. Bei beiden können die erneuerbaren Energiequellen stets nur eine sinnvolle Ergänzung der herkömmlichen Energieversorgungskonzepte für einige spezielle Einsatzfälle bilden. Unter diesem Gesichtspunkt befaßt man sich mit der Entwicklung derartiger Verfahren und ordnet sie in die Energieprognosen ein. Nicht zuletzt bieten sie ja eine Möglichkeit zur Erschließung heimischer Energieressourcen, auch wenn deren Umfang recht gering ist.

Etwas anders sieht es dagegen in den Ländern der Dritten Welt aus. Hier können die erneuerbaren Energiequellen durchaus einen beachtlichen Stellenwert in der Energieversorgung erlangen. In vielen dieser Staaten ist die Energiewirtschaft sehr unzureichend entwickelt, herrscht z. T. ein akuter Mangel an Energieträgern, und nur in wenigen Fällen existiert ein umfassendes, ausgebautes Versorgungsnetz für Elektroenergie. Hinzu kommt häufig eine nur schwach ausgebildete Infrastruktur, d. h., es fehlt an Straßen- und Schienenverbindungen, auf denen beispielsweise feste oder flüssige Energieträger auch in die entlegenen Landesteile gebracht werden können. Und nicht zuletzt sei darauf verwiesen, daß der Energieverbrauch pro Kopf der Bevölkerung in diesen Ländern weit unter dem der entwickelten Industriestaaten liegt. Unter solchen Rahmenbedingungen bieten sich natürlich die erneuerbaren Energiequellen als eine wirkliche Alternative an, zumal gerade in den Ländern Afrikas, Asiens und Lateinamerikas die natürlichen Voraussetzungen für ihre Nutzung meist besonders günstig sind. So ist es wirtschaftlich viel eher vertretbar, die Elektroenergieversorgung eines abgelegenen afrikanischen Dorfes mit einer kombinierten Solarzellen-Windenergie-Anlage zu sichern, als dieses Dorf um jeden Preis an das Elektroenergieverteilungsnetz anzuschließen oder den Treibstoff für ein Dieselaggregat dorthin zu bringen. Mit einer

Leistung von nur 20 kW kann meist der Bedarf des gesamten Dorfes gedeckt und obendrein noch Pumparbeit für die Trinkwasserförderung bzw. die Bewässerung bereitgestellt werden.
Selbst die Kultivierung von Wüstenregionen wird auf diesem Wege in Angriff genommen. Ein Beispiel dafür ist die ägyptische Oase Oweinat in der Libyschen Wüste. Dort stehen bereits heute zwei mit Solarzellen bestückte Pumpenanlagen von 20 bzw. 35 kW sowie mehrere WEK mit einer Leistung von jeweils 15 kW. Mit der von ihnen erzeugten Elektroenergie wird aus einer Tiefe von rund 30 m das lebenspendende Naß für die Bewässerung der Oase heraufgepumpt. Weitere Sonnenpumpen und WEK sollen folgen, denn der Ausbau von Oweinat ist nach den Plänen der Regierung auf insgesamt 1,2 Mill. ha Anbaufläche in Jahresabschnitten von jeweils 120000 ha vorgesehen. In ihrem Endausbau soll die Oase einmal 100000 Menschen aus dem übervölkerten Nildelta eine neue Heimat bieten.
Welche der erneuerbaren Energiequellen gilt nun als besonders aussichtsreich für eine künftige Nutzung? An erster Stelle wird immer wieder die photovoltaische Umwandlung, also der Einsatz von Solarzellen genannt. Allerdings nur unter der Voraussetzung, daß es gelingt, die Herstellungskosten drastisch zu senken (vgl. Abschn. 1.3.3.). Es folgt die Geothermie, vor allem die Nutzung niederthermaler Lagerstätten für die Bereitstellung von Prozeßwärme oder Brauchwarmwasser durch den Einsatz von Wärmepumpen. Auch den solarthermischen Verfahren und der Windenergie wird für bestimmte Anwendungsfälle eine gewisse Bedeutung beigemessen. Generell gilt aber die bereits weiter vorn getroffene Aussage über die geringe Bedeutung all dieser Verfahren für die Energieversorgung der Menschheit. Hinsichtlich der DDR wird ihr Anteil kaum den Wert von 1 % übersteigen.
Die Geschwindigkeit der Entwicklung konkreter technischer Lösungen und deren Einführung in die Praxis wird zu einem beträchtlichen Teil von deren Wirtschaftlichkeit im Vergleich zu den herkömmlichen Verfahren der Energiebereitstellung auf der Basis fossiler und nuklearer Energieträger bestimmt. Als Anfang der 70er Jahre auf den kapitalistischen Warenmärkten die Preise für Erdöl und in dessen Gefolge auch diejenigen für alle anderen fossilen Energieträger deutlich anstiegen, erfuhr parallel dazu die Entwicklung von Verfahren zur Nutzung der erneuerbaren Energiequellen eine bemerkenswerte Beschleunigung. Einige von ihnen schnitten damals bei einem Vergleich mit den herkömmlichen Verfahren zur Energiebereitstellung recht günstig

ab, obwohl sie noch immer aufwendiger waren als diese. Mit dem Rückgang der Primärenergieträgerpreise in den 80er Jahren erlahmte dann auch zusehends das Interesse an den Verfahren zur Nutzung von Sonne, Meer und Wind. Eine ganze Reihe von Unternehmen stellten ihre entsprechenden Arbeiten ein bzw. schraubten sie auf Sparflamme zurück. Andere wiederum sahen und sehen in diesen Verfahren günstige Exportchancen für die entsprechenden Anlagen und Anlagenteile. Sie betreiben unter diesem Gesichtspunkt ihre Forschungs- und Entwicklungsaktivitäten. Das trifft vor allem auf einige westeuropäische Staaten und Japan zu. In diesen Ländern befinden sich daher auch einige recht interessante Demonstrationsanlagen, die zum übergroßen Teil weiterführenden Forschungs- und Entwicklungsarbeiten dienen.
Aber auch die möglichen Umweltauswirkungen des großtechnischen Einsatzes von Anlagen zur Nutzung der erneuerbaren Energiequellen bestimmten z. T. deren Entwicklungstempo. Man darf dabei allerdings nicht an Rauchgasemissionen oder Ascheanfall denken, die üblicherweise sofort mit der Elektro- und Wärmeenergiebereitstellung in Verbindung gebracht werden. Die erneuerbaren Energiequellen wirken bei ihrer Nutzung neben dem für sie alle charakteristischen erheblichen Flächenbedarf (Tab. 20) meist auf verfahrensspezifische Art auf die Umwelt ein.

Tabelle 20. Platzbedarf der Elektroenergieerzeugung aus erneuerbaren Energiequellen

Energiequelle Umwandlungsverfahren	Spezifische elektrische Leistung, bezogen auf die Grundfläche (W/m^2)	Flächenbedarf bei Ersatz eines 1300-MW-Kraftwerkes (km^2)
Solarzellen (in Mitteleuropa)	13	100–160[1]
Solarzellen (in der Sahara)	29	50–60[1]
Biomasse Ethanolerzeugung)	0,108	12037
Biomasse (Holznutzung)	0,121	10744
Solarturmkraftwerk (in der Sahara)	44	30–50[1]
Windkraft	1	1300

[1] Einschließlich technologisch unbedingt erforderlicher Flächen.

In den einzelnen Abschnitten wurde dazu bereits etwas gesagt. Einige dieser Umweltbeeinträchtigungen sind bisher nur wenig erforscht bzw. lediglich durch Computermodelle simuliert worden. Niemand kann genau sagen, was geschieht, wenn z. B. eine kilometerlange Kette von Wellenenergiewandlern eine ganze Bucht absperrt und damit die Wellenbewegung fast völlig aufhebt. Die Auswirkung großer Windenergieparks auf das Mikroklima der betreffenden Region kann ebenfalls nicht vorhergesagt werden. Zu all diesen Dingen sind noch beträchtliche Forschungsarbeiten erforderlich, und man sollte daher sehr vorsichtig mit Einsatzprognosen für bestimmte Verfahren sein.

An dieser Stelle noch einige Sätze zur energetischen Nutzung des Wasserstoffs, über die man gerade in jüngster Zeit gelegentlich recht euphorische Berichte lesen kann. Dabei wird mitunter der Eindruck erweckt, als ob dieses Element die Menschheit von allen künftigen Energieproblemen befreien könnte. Sicher, Wasserstoff ist ein sehr leicht zu handhabender und universell einsetzbarer Energieträger, bei dessen Verbrennung (Knallgasreaktion) erhebliche Energiemengen freigesetzt werden. Als Rückstand entsteht dabei lediglich Wasser. Schon heute gibt es Konzeptionen für den Einsatz von Wasserstoff u. a. in Kraftwerken, Flugzeugen und Personenkraftwagen. Wasserstoff kann für die Gasversorgung eingesetzt werden und Ausgangspunkt für chemische Produkte sein. Aber er hat einen entscheidenden Nachteil: Wasserstoff kommt in der Natur nicht in ungebundener Form vor. Es gibt von ihm keine Lagerstätten, die es zu erkunden und erschließen gilt, wie das beispielsweise bei Kohle oder Erdgas möglich ist. Wasserstoff kann stets nur aus anderen Stoffen, vorzugsweise aus seinem Oxydationsprodukt Wasser, mittels entsprechender Herstellungsverfahren gewonnen werden. Dazu zählen u. a. moderne Elektrolyseverfahren (Hochtemperaturelektrolyse), spezielle chemische Kreislaufprozesse auf der Basis von Metallen, Metalloxiden und Halogenen und die Möglichkeit der direkten Wasserspaltung bei sehr hohen Temperaturen. Gegenwärtig wird Wasserstoff meist aus fossilen Energieträgern (Kohle, Erdöl, Erdgas) durch Vergasung oder Spaltung gewonnen. Allerdings erfordern diese Verfahren einen beträchtlichen Energieaufwand. Daher gibt es heute noch keine Technologie, die es erlaubt, Wasserstoff in großen Mengen billig zu erzeugen. Erst wenn dies geschafft ist, kann man von einem Übergang zur Wasserstoffenergetik sprechen. Den erneuerbaren Energiequellen könnte nun nach Meinung einiger Fachleute bei der Lösung dieser Aufgabe eine gewisse Schlüsselrolle

zukommen. Sie könnten nämlich nach diesen Vorstellungen für die Bereitstellung der erforderlichen Elektro- bzw. Wärmeenergie herangezogen werden. Davon zeugen die schon heute vorhandenen Konzepte zur Erzeugung von Wasserstoff mit dem OTEC-Verfahren (vgl. Abschn. 3.3.) oder auf solarer Basis (vgl. Abschn. 1.3.3.). Letztere sehen beispielsweise vor, in Gebieten mit besonders günstigen natürlichen Bedingungen für die Nutzung der Sonnenenergie, z. B. in Saudi-Arabien, riesige Solarzellenflächen zu installieren. Die mit ihnen gewonnene Elektroenergie soll zur Erzeugung von Wasserstoff genutzt werden, der dann problemlos in flüssiger Form in die Verbraucherländer gebracht werden kann. Auch mit Hilfe von WEK kann die Elektroenergie u. a. für Verfahren der Hochtemperaturelektrolyse von Wasser bereitgestellt werden. Neben kleineren landgestützten Anlagen gibt es auch schon Projekte für auf dem Ozean schwimmende WEK mit Leistungen im MW-Bereich.
Wann und ob überhaupt derartige Vorhaben auch tatsächlich realisiert werden, hängt neben der noch erforderlichen Lösung einiger technischer Probleme vor allem von der Wirtschaftlichkeit der jeweiligen Verfahren ab. Eine Zeitprojektion gibt es dafür jedenfalls noch nicht. Man kann daher schlußfolgern, daß auch dieser Weg der Nutzung erneuerbarer Energiequellen keinen nennenswerten Beitrag zur Energieversorgung der Menschheit in absehbarer Zukunft zu leisten vermag.

Weiterführende Literatur

Autorenkollektiv: Biogas in der Landwirtschaft – Theorie, Technologie, Einsatz. Freiberger Forschungshefte Nr. A 736. Leipzig 1987.

Boschnakow, I.: Sonnenenergie – eine Alternative. Berlin: VEB Verlag Technik 1982.

Eckener, U.; Kröger, T.: Systemuntersuchung Technologie und Nutzung der Wellenenergie. BMFT-Bericht FB-T81-117, Bonn 1981.

Energiequelle für morgen? Angewandte Systemanalyse nichtfossile – nichtnukleare Primärenergiequellen.
Teil II: Nutzung der solaren Strahlungsenergie.
Teil III: Nutzung der Windenergie.
Teil IV: Nutzung der Meeresenergie.
Teil V: Nutzung der geothermischen Energie.
Teil VI: Nutzung der Wasserenergien.
Frankfurt/Main: Umschau Verlag, Breidenstein KG 1976.

Fridleifsson, J. B.: Geothermal resources: present status and future potential in the world energy supply. Paper 4.1.10. 13th Congress of the World Energy Conference, Cannes 1986.

Hille, H.-D.: Benzin aus Pflanzen. Essen: Nobel-Verlag GmbH 1982.

Jarass, L.: Strom aus Wind. Integration einer regenerativen Energiequelle. Berlin, Heidelberg, New York: Springer Verlag 1981.

Koltun, M.: Sonne und Menschheit. Thun und Frankfurt/M.: Verlag Harri Deutsch 1985.

Lennard, D. E.: Propects and potential for Ocean Thermal Energy Conversion. Expert's meeting 3. 13th Congress of the World Energy Conference, Cannes 1986.

Meinhold, R.: Energie aus der Tiefe der Erde. 2. Aufl. Leipzig: BSB B. G. Teubner Verlagsgesellschaft 1984.

Palz, W.: Biogasanlagen in Europa – ein Handbuch für die Praxis. Köln: Verlag TÜV Rheinland GmbH 1985.

Taschenlexikon Energie. Leipzig: VEB Bibliographisches Institut 1981.

Wissensspeicher Solartechnik: Thermische und fotoelektrische Nutzung der Solarenergie. Leipzig: VEB Fachbuchverlag 1984.

Witt, H.: Windkraftwerke. Pößneck: A. Lang Verlag 1950.

Bildquellen

HAB-Weimar (Meier/Sepke): Abb. 4; ZB/Hirndorf: Abb. 6, 44; FW-Archiv: Abb. 10, 14; ZB/TASS: Abb. 12, 47; ZB/Pressens Bild: Abb. 17; ZB/Schäfer: Abb. 19; Werkfoto Vestas (Archiv Hoffmann): Abb. 20; M. Zielinski: Abb. 23; Kvaerner AB: Abb. 30; ZB/AP: Abb. 32; JuT/Jäger: Abb. 34; Cesen Report: Abb. 38; G. Kurze: Abb. 39; Archiv Hoffmann: Abb. 46, 48.

Sachverzeichnis